献　　　给

中国共产党成立 100 周年

生物科学的数学原理

杨芳霖　杨裕诚　邹柯婷　编著

陕西新华出版传媒集团

西　安

图书在版编目(CIP)数据

生物科学的数学原理 / 杨芳霖，杨裕成，邹柯婷编著. —西安：陕西科学技术出版社，2021.6（2021.10重印）

ISBN 978-7-5369-8048-8

Ⅰ. ①生… Ⅱ. ①杨… ②杨… ③邹… Ⅲ. ①生物数学-研究 Ⅳ. ①Q-332

中国版本图书馆 CIP 数据核字(2021)第 061007 号

生物科学的数学原理

SHENGWU KEXUE DE SHUXUE YUANLI

杨芳霖　杨裕诚　邹柯婷　编著

责任编辑　孙雨来

封面设计　曾　珂

出 版 者　陕西新华出版传媒集团　陕西科学技术出版社

西安市曲江新区登高路 1388 号陕西新华出版传媒产业大厦 B 座

电话(029)81205187　传真(029)81205155　邮编 710061

http：//www.snstp.com

发 行 者　陕西新华出版传媒集团　陕西科学技术出版社

电话(029)81205180　81206809

印　　刷　西安五星印刷有限公司

规　　格　710mm×1000mm　16 开本

印　　张　15.75

字　　数　173 千字

版　　次　2021 年 6 月第 1 版

2021 年 10 月第 2 次印刷

书　　号　ISBN 978-7-5369-8048-8

定　　价　70.00 元

前　言

生物科学是指研究生命物体的科学，具体来讲是在生物的不同结构层次（如元素、分子、细胞、个体、群体）上研究生命现象及其生存环境，探讨生物的结构、功能、发生和发展规律的科学。

生物科学是农业、医药以及发酵等工业的理论基础，与人类的衣、食、住、行、生、老、病、死都有密切的关系。从全球来看，人口问题、粮食问题、生物资源利用问题、环境问题、国土整治问题、区域经济规划问题，以至于企业管理、社会治安中都有生物科学问题。特别是在当前随着经济建设现代化发展的同时，生物资源遭受掠夺性利用、生态平衡受到破坏、环境受到污染的情况下，生物科学的研究就显得更为重要和迫切了。

数学主要是研究现实世界的数量关系与空间形式的科学，具体讲数学的研究对象是抽象的数量关系和空间形式。近代数学的发展，特别是计算机对数学发展的巨大影响，使得一些新的边缘性分支学科与系统科学和信息科学等获得蓬勃发展。因此，除了数量关系和空间形式外，系统、信息、语言等也成为数学科学的研究对象。

数学是各门科学的基础和工具，它的高度抽象性，决定了它应用的广泛性，随着生产和科学技术的发展，它在自然科学、工程技术、国防乃至社会科学中起着越来越重要的作用，在各门科学日益精确化、数量化和计算化的今天，它们都更离不开数学。

从辩证唯物主义的观点出发，运用现代数学理论对生物科学的基本原理从定量方面进行研究和分析是当今乃至今后理论生物学的重要研究课题之一。我们相信，随着这一课题的深入研究，必将对生物科学的发展产生重大影响。

本书共分五章两大部分：其中第一、二章为第一部分，主要是站在唯物主义的立场上阐述数学能否为生物科学服务和生物科学是否需要数学服务这两个基本问题。第二部分包括第三、四、五章，主要是探索运用现代数学的理论和方法，对生物的繁殖与生长、调节与控制、变异与进化方面进行剖析和讨论，并力图在生物科学的基本原理方面建立起相应的数学分析理论和方法。

本书在编写和出版过程中得到了陕西科学技术出版社赵生久编辑的鼓励和支持，在此表示衷心地感谢。撰写这本书由于水平有限，缺点和错误在所难免，敬请读者批评指正。

编著者

1995 **年** 3 **月**

目　录

第一章　数学能否为生物科学服务 ……………………（1）

第一节　数学的来源及其定义 ……………………（1）

第二节　数学如何为自然科学服务 ……………………（3）

第三节　数学能够为生物科学服务 ……………………（4）

第二章　生物科学是否需要数学服务 ……………………（7）

第一节　生物体的形成、生命的定义和生物的发展变化 ……………………（7）

第二节　用数学方法发现了遗传规律 ……………………（11）

第三节　细胞繁殖有数学规律 ……………………（15）

第四节　DNA 结构的数学天地 ……………………（17）

第三章　繁殖与生长 ……………………（21）

第一节　基本过程 ……………………（22）

第二节　数学分析 ……………………（24）

第四章　调节与控制 ……………………（96）

第一节　基本过程 ……………………（97）

第二节　数学分析 ……………………（115）

第五章　变异与进化 ……………………（146）

第一节　基本过程 ……………………（148）

第二节　数学分析 ……………………（151）

附录一　老子《道德经》选集 ……………………（199）

上 ……………………（199）

下 …………………………………………………………………（203）
附录二　土壤生长主要粮食作物每亩（667）产量指标
…………………………………………………………………（209）
附录三　人体主要健康指标与营养指标 ………………（215）
附录四　21世纪的生物数学 ……………………………（236）
参考文献 …………………………………………………（244）
索　引 ……………………………………………………（245）
后　记 ……………………………………………………（248）

第一章　数学能否为生物科学服务

第一节　数学的来源及其定义

要知道数学能否为生物科学服务，我们首先必须了解数学是什么？即数学的来源及其定义。

数，《辞海》中解释是数目的意思。如《汉书·律历志上》："数者，一十百千万也。"数亦是数学上最基本的概念之一。

唯物主义认为：数学来源于现实世界，即使纯数学也不能例外。关于这一观点，恩格斯在他的著作《反杜林论》中作过精辟的论述，即：

"纯数学具有脱离任何个人的特殊经验而独立的意义，这当然是正确的，而且这也适用于一切科学的一切已经确立的事实，甚至适用于所有的事实。磁有两极，水是由氢和氧化合成的，黑格尔死了，而杜林先生还活着，所有这些都是脱离我的或其他人的经验，甚至脱离杜林先生沉睡时的经验而独立的。但是在纯数学中悟性绝不能只处理自己的创造物和想象物。数和形的概念不是从其他任何地方，而是从现实世界中得来的。人们曾用来学习计数，从而用来作第一次算术运算的十个指头，可以是任何别的东西，但是总不是悟性的自由创造物。为了计数，不仅要有可以计数的对象，而且还要有一种在考察对象时撇开对象的其他一切特性而仅仅顾到数目的能力，而这种能力是长期的以经验为依据的历史发展的结果。和数的概念一样，形的概念也完全是从外部世界得来的，而不是在头脑中由纯粹的思维产生出来的。必须先存在具有一定形状的物体，把这些形状加以比较，然后才能构成形的概念。纯数学的对象是现实世界的空间形式和数量关系，所以是非常现实的材料。这些材料以极度抽象的形式出现，这只能在表面上掩盖它起源于外部世界的事实。但是，为了能够从纯粹的状态中研究这些形式和关系，必须使它们完全脱离自己的内容，把内容作为无关重要的东西放在一边；这样，我们就得到了没有长宽高的点、没有厚度和宽度的线、a 和 b 与 x 和 y，即常数和变数；只是在最后才得到悟性的自由创造物和想象物，即虚数。甚至数学上各种数量的明显的相互导出，也并不证明它们的先验的来源，而只是证明它们合理的相互关系。矩形绕自己的一边旋转一圈而得到圆柱形，在产生这样的观念以前，一定先研究了一定数量的在现实中存在的矩形和圆柱形，即使它们在形式上是很不完全的。和其他一切科学一样，数学是从人的需要中产生的：是从丈量土地和测量容积，从计算时间和制造器皿中产生的。但是，正如同在其他一切思维领域中一样，从现实世界中抽象出来的规律，在一定的发展阶段上就和现实世界脱离，并且作为某种独立的东西，作为世界必须适应的外来的规律而与现实世界相对立。社会和国家方面的情形是这样，纯数学也正是这样，它在以后被应用于世界，虽然它是从这个世界得出来的，并且只表现世界的联系形式的一部分——正是仅仅因为这样，它才是可以应用的。”

由以上数学来源的论述可知，数学是一门以现实世界的空间形式和数量关系为对象开展研究的科学，亦即数学是一门研究现实世界的空间形式和数量关系规律的科学。

第二节　数学如何为自然科学服务

数学既然来源于现实世界，并以现实世界的空间形式和数量关系规律作为自己的研究对象。那么，它理应广泛应用于研究现实世界的自然科学。这是因为数学不仅是人们研究自然和认识自然的工具，即数学不仅是一门高度抽象的理论性学科，同时也是一门应用广泛的工具性学科，理论与应用有机统一。事实证明，自然科学的发展离不开数学，没有数学的新进展，也就没有今天的和未来的自然科学革命。

那么，数学是如何为自然科学服务的，关于这一点，马克思曾指出："一种科学只有在成功地运用数学时，才算达到了真正完善的地步，"这是马克思对科学必须走向数学化的科学预见。辩证唯物主义认为：客观世界的一切事物都是质和量的统一体，这就决定了数学和它的方法可以普遍地运用于任何一门科学。但是，由于数学是研究客观事物的高度抽象的科学，因此，一门科学的发展只有达到一定阶段，科学抽象深入到一定程度，才可以具备运用数学的条件。随着各门科学本身的进步，任何现象，即使是复杂的生物现象，它们在量的方面将越来越多地被阐明，运用数学的可能性也就越来越大。科学认识的一般规律开始是对事物进行定性的研究，然后再研究它们的量的规律性，精确的定量研究使人们能够深入地认识到事物的本质。因此，任何一门科学只有在充分运用了数学才算达到了真正完善的地步。

数学运用于实际的关键在于建立较好的数学模型，即能从量的方面反映出所要研究问题的本质关系的模型。例如，农业生产管理中的粮食预警模型、人口控制模型、信息论中的通信系统模型、控制论中的反馈控制系统模型等。建立数学模型是一个科学抽象的过程，分析和综合的过程。要善于把无关紧要的东西放在一边，抓住系统中的主要因素、主要关系，经过合理的简化，把问题用数学语言的方式表达出来，然后在这个提炼成的数学模型上展开数学的推导和演算，以形成对问题的认识、判断和预测。这是数学运用抽象思维去把握现实的力量所在。

第三节　数学能够为生物科学服务

一、数学正在加速向生物科学渗透

自然科学、技术科学数学化，现在已经是普遍熟悉的事情了。至于生物科学的数学化，许多人尚不十分理解。其实，从19世纪起孟德尔就十分重视把数学运用于生物科学的研究之中。例如在遗传学中，他就应用数学的形式来描述和阐明遗传规律。比如，为了分析遗传规律，他成功的运用数学分析得出遗传的主要规律。以至今天数学家和生物学家们坚信，只要有足够的经过检验的材料，用数学方式来描述生物科学的主要规律，这是可能的。生物学家和数学家之所以这样重视运用数学，是因为数量分析是提高研究问题的严密性和精确性的可靠途径。现在新的科学技术革命要求对生物科学进行预测和控制，实现生物资源管理的最优化等，它们要求对生物现象的研究更加精确化、定量化。所以，生物科学数学化，目前在世界上发展很快，特别是在涉及生物科学的粮食、人口和环境等重大问题的研究中比较系统的应用现代数学。

系统论、信息论、控制论等学科的出现和它们向生物科学的渗透，为把生物科学问题表现成数学对象的形式提供了可能；计算机的应用为研究复杂生物现象的数量关系，为处理大量生物科学资料提供了物质手段和工具。把数学应用于生物科学，不仅可以大大提高生物科学研究的质量和效率，而且是生物科学研究实现手段现代化和课题现代化、增强生物科学研究实用性的重要途径。生物科学的数学化也向数学提出了新的任务，要求大大扩充现在应用的数学工具，尤其要求建立和发展为解决复杂问题所需要的各种数学分支，如微分方程、泛函分析、突变理论、概率论、数理统计、模糊数学等。

生物科学的数学化，使得形式化的认识方法和手段在生物科学中起着越来越大的作用，生物科学中的新理论的抽象特征越来越强，使得数学和生物科学相互交叉、相互结合，最终产生了一门边缘学科——生物数学及其许多分支，如数量遗传、数学生态等。生物数学的发展不仅促进了生物科学的发展，而且也丰富和发展了数学学科本身。

二、计算机对数学为生物科学服务的影响

计算机的应用和发展，对数学为生物科学服务的未来将产生巨大的影响。计算机对数学家而言，就像显微镜对于生物学家、望远镜对于天文学家那样不可缺少。在数学为生物科学服务方面，计算机至少有 2 种用途：

第一是快速而准确地计算。生物科学研究中许多问题都需要计算，而其中一些问题计算量之大、要求的精度之高和运算速度之快，都是人力所难以胜任的。拿每秒钟运算一亿亿次的计算机来说，它在一分钟里所完成的计算量，如果用算盘或手摇计算机来运算的话，即使是一天 24 小时连续算下去，少说也得算 10 年、20 年，如果用笔算，需用的时间就更长了。计

算机帮助人们获得准确而快速的计算能力，许多生物科学技术正是攻克了计算难关才起飞的。

第二是计算机给生物数学工作者提供了一种有效的实验工具，即所谓“数学实验”。运用计算机对数学模型进行大量的数学和逻辑的运算，这对复杂系统的研究和处理，有很大的意义。由于从多个模型中如何挑选出一个好的模型，或者从一个模型中如何挑选出一组好的参数，都需要对各个模型或各种参数进行计算并加以比较，即通过数学实验，对各个模型或各种参数作出定量的评价。在生物科学中，这种试算有可能帮助决策人“深思熟虑”，选定较好的解决问题的方案。

展望未来，数学许多老的分支将进一步发展，新的分支将不断产生。数学不仅能表达生物科学中的宏观运动规律，而且将发展到可以揭示生物科学中极其复杂的微观运动规律。对生物科学宏观和微观方面的研究，数学家将像物理学家、化学家、生物学家在实验室里进行研究一样，在计算机上进行数学和逻辑运算，揭开宏观和微观生物世界的秘密。历史和现实正在表明，生物数学已经进入了一个新的发展时期。

第二章　生物科学是否需要数学服务

第一节　生物体的形成、生命的定义和生物的发展变化

要知道生物科学是否需要数学服务，我们首先必须了解生物科学的研究对象为生命物体，简称生物体。亦即要了解生物体的形成、生命的定义和生物的发展变化。

生，《辞海》中解释是草木长出的意思。如《礼记·月令》："[季春之月]萍始生。"引申为一切事物的产生。如出生、发生、化生。《广雅·释亲》："[人]十月而生。"生亦是"活"的意思，与"死"相对。如：起死回生、生龙活虎。《论语·颜渊》："爱之欲其生。"引申为生活或生命。如：养生。《孟子·告子上》："舍生而取义者也。"又引申为人及动物的统称。如：众生、畜生。又引申为生存期间。如：一生、毕生。

唯物主义认为：一切生物体，除了最低级的以外，都是由细胞构成，由细胞分裂增殖发育形成；生命是蛋白体的存在方式；生物的发展变化是通过自然选择、通过适者生存而发生变化的。

关于这一观点，恩格斯在他的著作《反杜林论》中作过精辟的论述，即关于生物体的形成恩格斯指出："一切有机体，除了最低级的以外，都是由细胞构成的，即由很小的、只有经过

高度放大才能看得到的、内部具有细胞核的蛋白质小块构成的。通常，细胞也长有外膜，里面含有或多或少液体。最低级的有机生物是由一个细胞构成的；绝大多数有机生物都是多细胞的，是集合了许多细胞的复合体，这些细胞在低级有机体中还是同类型的，而在高级有机体中就具有了愈来愈不同的形式、类别和功能。例如在人体中，有骨骼、肌肉、神经、腱、韧带、软骨、皮肤，简言之，所有的组织，不是由细胞组成就是从细胞产生的。但是一切有机的细胞体，从本身是简单的、通常没有外膜而内部具有细胞核的蛋白质小块的变形虫起一直到人，从最小的单细胞的鼓藻起一直到最高度发展的植物，它们增殖细胞的方法都是共同的：分裂。开始时细胞核在中间收缩，这种使核分成两半的收缩愈来愈厉害，最后这两半分开了，并且形成 2 个细胞核。同样的过程也在细胞本身中发生，2 个核中的每一个都成为细胞质集合的中心点，这个集合体同另一个集合体由于愈益紧密的收缩而联系在一起，直到最后分开，并作为独立的细胞继续存在下去。动物的卵在受精以后，其胚泡经过这样不断重复的细胞分裂逐步发育成为完全成熟的动物。同样，在已经长成的动物中，对消耗组织的补充也是这样进行的。把这样的过程叫作组合，而把这一过程称为发育的意见叫作“纯粹的想象”，这种话无疑只有对这种过程一无所知的人才说得出来；在这里恰好只是而且确实是不折不扣的发育，根本不是组合！”

关于生命的定义或什么是生命？恩格斯指出：“生命是蛋白体的存在方式，这种存在方式本质上就在于这些蛋白体的化学组成部分的不断自我更新。

在这里，蛋白体是按照现代化学的意义来理解的，现代化学把构造上类似普通蛋白或者也称为蛋白质的一切东西都包括在蛋白体这一名称之内。这个名称是不恰当的，因为普通蛋白在一切和它相近的物质中，是没有生命的，起着最被动的作用，它和蛋黄一起仅仅是胚胎发育的养料。但是，在蛋白体的化学构造还一点也不知道的时候，这个名称总比一切其他名称好些，因为它比较一般。

无论在什么地方，只要我们遇到生命，就会发现生命是和某种蛋白体相联系的，而且无论在什么地方，只要我们遇到不处于解体过程中的蛋白体，我们就会无例外地发现生命现象。无疑地，在生物体中，必然还有其他化学化合物来引起这些生命现象的特殊分化；对于单纯的生命，这些化合物并不是必要的，除非它们作为食物进入生物体并变成蛋白质。我们所知道的最低级的生物，只不过是简单的蛋白质小块，可是它们已经表现了生命的一切现象的本质。

但是一切生物所共有的这些生命现象究竟表现在什么地方呢？首先是在于蛋白体从自己周围摄取其他的适当的物质，把它们同化，而体内其他比较老的部分则被分解并且被排泄掉。其他无生命的物体在自然过程中也发生了变化、分解或结合，可是这样一来它们就不再是以前那样的东西了。岩石经过风化就不再是岩石；金属氧化后就变成锈。可是，在无生命物体中成为造成破坏原因的物质，在蛋白质中却是生存的基本条件。随着蛋白体内各组成部分的不断转变，摄食和排泄停止不断交替的一瞬间，蛋白体本身就停止生存，趋于分解，即归于死亡。因此，生命即蛋白体的存在方式，首先是在于蛋白体在每一瞬间既是它自身，同时又是别的东西；这种情形和无生命物体所发生的不同，它不是由某种从外面造成的过程所引起的。相反地，生命，即通过摄食和排泄来实现的新陈代谢，是一种自我完成的过程，这种过程是为它的体现者——蛋白质所固有的、生来就具备的，没有这种过程，蛋白质就不能存在。由此可见，如果化学有一天能够用人工方法制造蛋白质，那么这样的蛋白质就一定会显示出生命现象，即使这种生命现象可能还很微弱。当然，化学是否能同时为这种蛋白质发现适合的食物，这还是一个问题。

从蛋白质的主要机能——通过摄食和排泄来进行新陈代谢，从蛋白质所特有的可塑性中，可以导出所有其他最简单的生命要素；刺激感应性——它已经包含在蛋白质和它的养料的相互作用中；收缩性——它已经在非常低级的阶段上表现于食物的吸取中；成长的能力——它在最低级的阶段上包含通过分裂的繁殖；内在的运动——没有这种运动，养料的吸取和同化都是不可能的。

我们关于生命的定义是很不充分的，因为它远没有包括一切生命现象，而只是限于最一般和最简单的生命现象。在科学上，一切定义都只有微小的价值。要想真正详尽地知道什么是生命，我们就必须探究生命的一切表现形式，从最低级的直到最高级的。可是对日常运用来说，这样的定义是非常方便的，在有些地方是不能缺少的；只要我们不忘记它们不可避免的缺点，它们也无能为害。”

关于生物的发展变化，恩格斯指出：“达尔文从他的科学旅行中带回来这样一个见解：植物和动物的种不是固定的，而是变化的。为了在家乡进一步探索这一思想，除了动物和植物的人工培育以外，他再没有更好的观察场所了。在这方面英国是标准的国家；其他国家例如德国的成绩，就规模而言远不如英国在这方面所获得的成就。此外，大部分成果是在最近一个世纪获得的，所以要确定事实是没有多大困难的。当时达尔文发现，这种人工培育在同种的动物和植物中造成的区别，比那些公认为异种的动物和植物的区别还要大些。一方面，物种在一定程度上的变异性得到了证实；另一方面，具有不同物种特征的有机体可能有共同的祖先，这一点也得到了证实。于是达尔文又研究了自然界中是否存在这样的原因：它们没有培育者的自觉意图，仍能在活的有机体中长期造成和人工培育所造成的类似的变异。他发现这些原因就在于自然界所产生的胚胎的惊人数量和真正达到成熟的有机体的微小数量之间不相称。由于每一个胚胎都努力发育成长，所以就必然产生生存斗争，这种斗争不仅表现为直接的肉体搏斗，甚至在植物中还表现为争取空间和日光的斗争。很明显，在这一斗争中，凡是拥有某种尽管是微不足道但有利于生存斗争的个别特质的个体，都最有希望达到成熟和繁殖。这些个别特质因此就有了遗传下去的趋势，如果这些特质在同一个物种的许多个体中发生，那么，它们还会通过逐代累积加强这些特质的遗传；而没有这种特质的个体就比较容易在生存斗争中死去，并且逐渐消失，物种就这样通过自然选择、通过适者生存而发生变化。”

第二节　用数学方法发现了遗传规律

19 世纪中期，孟德尔用数学方法对豌豆进行杂交实验的杂交后代的分布情况进行统计、分析，最后发现了遗传学的规律。这是人类为了探索生物遗传的规律，从 18 世纪起，生物学家们广泛利用植物杂交实验来进行研究，首次获得了巨大成功。孟德尔在 1866 年发表了这一伟大成果。

孟德尔使用了与前人不同的研究方法是他成功的关键，即在前人使用植物杂交实验的基础上，成功地运用了数学方法。他选择用豌豆做实验材料，利用这一植物的性状在遗传中具有稳定的、易区分的特点和它严格自花授粉的生殖过程，通过人工去雄，进行异花授粉的技术，有效地防止了外来花粉的干扰，然后对这种植物的 7 种性状(如种皮或花的颜色、茎的高矮、种子的形状、子叶的颜色、豆荚的颜色、豆荚的形状、花的位置)逐一加以实验研究。在进行实验的过程中，他用数学方法对杂交后代的分布情况进行统计、分析，最后发现了遗传学的规律。

具体过程是：孟德尔首先用具有一对区分性状的不同品种的豌豆进行杂交实验。例如，用纯种的红花豌豆与纯种的白花豌豆进行杂交，他发现，杂交所得的第一代种子(F_1)长成的植株(生物学上叫子一代，一般用大写字母 F_1 来表示)全部开红花。这就是说子一代豌豆只具有一个亲本的性状(红花)，而另一个亲本的性状(白花)却潜藏起来或被掩盖，不能得到表现。孟德尔把在子一代表现出来的亲本的性状叫作显性性状，把得不到表现的性状叫作隐性性状。如果用高茎豌豆(1.83～2.13m)与矮茎豌豆(0.15～0.23m)杂交，所得的子一代全部都是高茎，同样只表现出显性性状。这些实验表明，具有不同性状的亲本植物进行杂交，子一代所有个体都表现出显性性状的现象具有普遍性。有人把这一事实叫作显性规律。

上述实验如果继续进行下去，那么由子一代的红花豌豆(注意这种红花豌豆已不是纯种，因为它虽然只表现出红花性状，实际上它的生殖细胞中既包含着红花的基因，也包含着白花的基因)进行自交所得的子二代(F_2)种子长成的植株就会产生分化，出现红花豌豆与白花豌豆 2 种类型，红花植株与白花植株的数目大致为 3∶1。由具有其他性状的杂种子一代，例如子一代为高茎的豌豆自交所得的子二代同样会出现高茎与矮茎 2 种类型的植株，二者的数目仍然接近 3∶1。这种在杂交后代中出现一对性状分别得到表现的规律叫作分离规律。

孟德尔以杂交后代的分离为基础，又研究了具有 2 对或 2 对以上性状的豌豆杂交实验。他发现，如果让红花高茎的纯种豌豆与白花矮茎的纯种豌豆杂交，子一代全部为红花高茎；当子一代自交产生子二代时，按照分离规律，红花与白花，高茎与矮茎这 2 对性状都会发生分离，而且每一对性状的分离是独立的，与其他性状的分离是互不牵连、互不干涉的，2 对性状在分离过程中随机组合，子二代将会出现 4 种类型的豌豆：红花高茎、红花矮茎、白花高茎、白花矮茎，它们的植株在数目上近似呈现 9∶3∶3∶1 的比例。杂交植物的 2 对性状在分离时独立进行并随机组合的现象叫作“独立支配规律”或“自由组合规律”。

对于以上 3 个遗传规律，孟德尔的数量遗传解释是：他认为，在植物的生殖细胞中，含有代表植物性状的成分叫作因子(例如代表豌豆红花的因子用大写字母 C 来表示)，这些因子一半来自父本，一半来自母本；如果来自父本和来自母本的这 2 个因子相同，就叫作同质结合，例如红花豌豆中包含着 2 个 CC，这就是纯种；如果来自父本和母本的这 2 个因子不同，一个是代表红花的成分 C，一个是代表白花的 c(一般用小写字母代表隐性性状)，就叫作异质结合。含有 Cc 的豌豆虽然也表现为红花，但它是杂种，与纯种的红花豌豆 CC 有着不同的遗传内容。通过对大量实验的分析，孟德尔发现，无论是同质结合或异质结合，在形成花粉(精细胞)或胚珠(卵细胞)时代表一对性状的 2 个因子彼此分离，分别分配到 2 个生殖细胞中去，每一个生殖细胞中(无论是精细胞还是卵细胞)中只含有一个因子。当精卵结合后，受精卵(合子)又具有 2 个因子，恢复了原来的因子数。对于同质结合的豌豆，例如含 CC 的纯种红花豌豆，无论在形成精细胞或卵细胞时，其中包含的遗传因子完全相同(都会有一个 C)所以只有一种类型的配子(精或卵)，它们形成的合子仍然是 CC，是纯种。而异质结合的豌豆，例如子一代红花豌豆含有 Cc 因子，在形成配子时，半数的精细胞含有 C，半数含有 c，卵细胞也是一半含 C，一半含 c，这些配子结合时，随机而遇，就会有 4 种合子：CC，Cc，cC，cc。如图 1 所示：其中凡含有 C 的均表现为红花，只有 cc 一种表现为白花。这就说明了为什么子一代全部为红花，子二代中红花与白花的植株数为 3∶1。

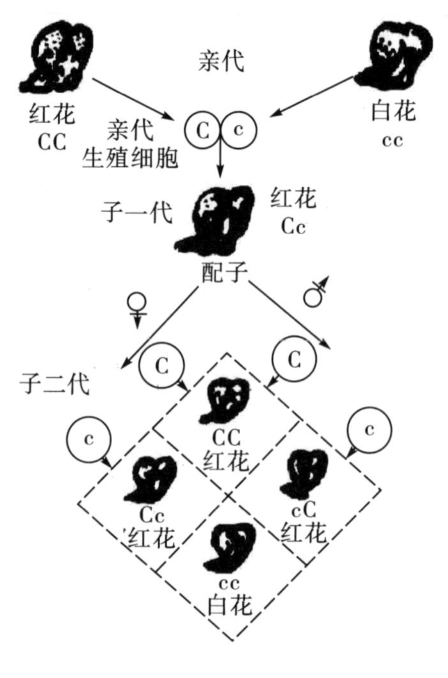

图 1　红花与白花图

对于含有 2 对或 2 对以上的不同性状的豌豆杂交出现的各种类型，同样可以用孟德尔的数量遗传加以解释。例如由纯种的种子为黄色饱满型豌豆，与种子为绿色瘪皱型豌豆杂交所得的子一代，为什么全部为黄色饱满型，子二代有黄满、黄皱、绿满、绿皱 4 种类型的解释可见如图 2 所示。

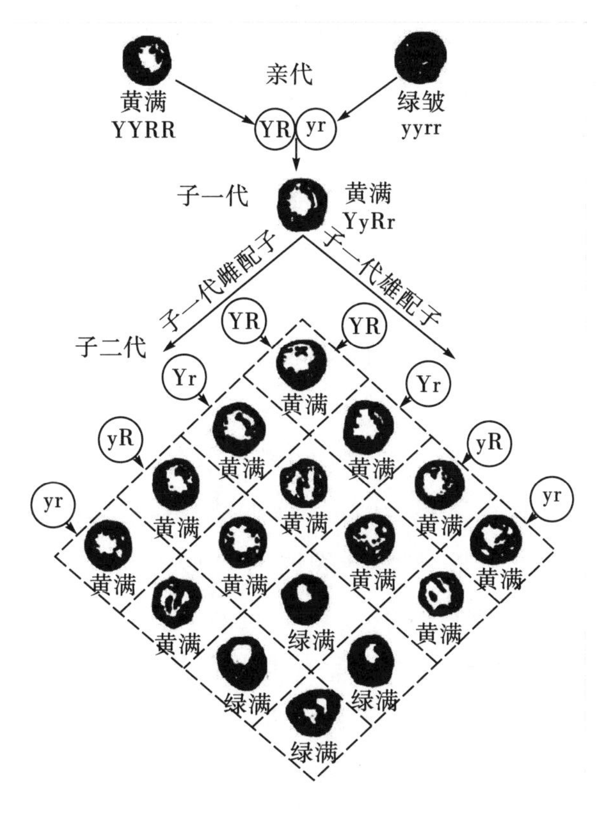

图 2　黄满与绿皱图

第三节　细胞繁殖有数学规律

英国科学家胡克 1665 年使人类第一次在显微镜下观察到了细胞，即在显微镜下看到了木栓切片上有一种蜂窝状结构，其中有许多空腔（小室），他把这一个个小室叫作细胞（cell）。德国科学家特雷维拉努斯和冯·莫尔 19 世纪初通过对植物的解剖研究认识到细胞是植物构造的基本单位。法国生理学家

Henri Dutrochet 1824 年提出细胞是动、植物器官的统一结构单位，是有独立生命活动的单位。有些生物只有一个细胞，而较大的生物则由许多细胞互相协作构成的。英国植物学家布朗 1831 年在显微镜下观察到植物的细胞核。捷克科学家普金叶 1835 年观察到动物的细胞核。德国植物学家施莱登 1838 年提出细胞是一切植物结构的基本单位，也是植物借以发展的根本实体的思想。德国动物学家施旺 1839 年把这一学说扩大到动物界从而形成了细胞学说。这一学说认为：细胞是一切有机体构造和发育的基本单位，有机体的发育就是细胞分化和形成的过程。

德国生物学家 W·弗莱明 1879 年发现了细胞核中有一种丝状物极易被碱性染料(洋红、苏木精)着色，这就是人类后来知道的染色丝，它在细胞分裂时有奇妙的行为。弗莱明 1882 年详细地叙述了细胞有丝分裂的过程，他指出，在细胞间期(细胞 2 次分裂之间的时期)呈丝状物的染色丝在细胞开始分裂时变短、变粗形成染色体，每一条染色体能准确地进行自我复制，变成相同的 2 条姐妹染色单体。这些染色单体先是成对地排列在细胞的“赤道板”上，然后彼此分开，被细胞两极的中心粒伸出的纺锤丝所牵动而向细胞两端移动，随后细胞质也分为 2 部分，于是细胞中的染色体就均等地分配在 2 个新形成的子细胞中。由于染色体的复制和均等分配，使分裂后的子细胞中含有与母细胞数目相等的染色体，它们的形状、大小及其所含的物质也大体与母细胞保持一致。细胞分裂的这一过程叫作有丝分裂。有丝分裂是细胞分裂中最普遍的一种分裂方式，除在少数情况下，如衰老细胞或病态细胞采取更简单的分裂形式(无丝分裂)外，高等动物、植物身体内的一些组织(如表皮细胞、红细胞等)的增殖和受精卵的分裂均采取有丝分裂的形式。

1883 年由 E. Van 贝内登在动物和 1888 年由 E. A. 施特拉斯布格在植物中相继发现了减数分裂。这是以有性方式繁殖的动、植物的生殖细胞在成熟时所采取的一种分裂方式，一个母细胞连续 2 次进行分裂，形成 4 个子细胞，但在整个分裂过程中染色体只复制 1 次，所以 4 个子细胞只含原有细胞一半数目的染色体，这种分裂方式叫减数分裂。这样形成的成熟的生殖细胞在与异性生殖细胞结合后又含有与原有细胞数目相等的染色体，因而受精卵发育而成的子代个体在染色体的数目上与亲代相等。

至此，我们由以上可以看出：细胞是一切有机体生长和发育的基础，有机体的发育是通过细胞的分裂和分化来完成的。细胞增殖的方法是分裂，即母细胞中染色体的有丝分裂或减数分裂。从数学的角度看是，由 1 个母细胞分裂为 2 个子细胞，由 2 个子细胞分裂为 4 个二代子细胞，这样一直分裂下去，归纳表达为 2^x。这里 2 为分裂方式，x 为分裂的次数。所以，我们说细胞繁殖有数学规律。

第四节　DNA 结构的数学天地

DNA 亦称脱氧核糖核酸，它和 RNA(亦称核糖核酸)统称为核酸。核酸是由糖类(核糖或脱氧核糖)、含氮碱基(嘌呤、嘧啶)及磷酸组成。核酸是细胞核和染色体的主要成分。核酸和蛋白质组成核酸蛋白质，是细胞核中一种特殊的含磷化合物，也被人们称之为核素。

组成 DNA 的糖是脱氧核糖，含氮碱基是腺嘌呤(A)、鸟嘌呤(G)、胞嘧啶(C)、胸腺嘧啶(T)；组成 RNA 的糖是核糖，含氮碱基是腺嘌呤、鸟嘌呤、胞嘧啶、尿嘧啶(U)。由于

DNA 和 RNA 这 2 种核酸分别含有 4 种含氮碱基，每一种含氮碱基与一个糖和一个磷酸结合能形成一种核苷酸，所以，一个核酸大分子中就包含 4 种核苷酸。一个 DNA 分子一般是由几百个或几千个核苷酸组成的“多核苷酸链”。

蛋白质是细胞中的重要成分，它是由氨基酸单体组成的生物大分子，在细胞核和染色体中有重要作用，组成蛋白质的氨基酸单体有 20 多种。由成百上千个氨基酸组成的蛋白质分子可能有许多排列方式，它比由 4 种核苷酸组成的核酸大分子相比，可能会有更复杂的结构。

丹麦生物学家约翰逊 1909 年提出了基因一词，美国遗传学家摩尔根 1910 年在他的著作《基因论》中虽然揭示了基因在遗传中的作用及其在染色体上的排布，但基因究竟是什么和它的化学构成和作用机理是什么？摩尔根只给出了“基因之所以稳定，是因为它代表着一个有机的化学实体”这一预言，给了人们一个大胆的设想，基因的化学构成究竟是蛋白质还是核酸？

英国细菌学家格里菲斯 1928 年发现肺炎双球菌有 2 种类型，一种致病性强，可使小白鼠染病致死（*S* 型），一种不致病（*R* 型）。如果单独给小白鼠接种已被杀死的 *S* 型细菌，小白鼠不致病，可是将这种 *S* 型死菌与 *R* 型活菌混合起来给小白鼠接种，就能使之死亡。从死鼠中分离出来的细菌中可发现 *S* 型的活菌。这一实验表明 *R* 型的活菌发生了转化，变成了 *S* 型，这一转化显然是由于 *S* 型死菌中的某种物质（转化因子）造成的。美国细菌学家艾弗里等人 1944 年为了弄清转化因子，通过实验发现，在 *S* 型死菌滤液的各种成分中，只有核酸（DNA）能使 *R* 型细菌发生转化并使转化后的细菌后代稳定的具有 *S* 型的遗传性，蛋白质则不具有这种转化作用。这一实验证明了在细胞核中只有 DNA 能控制生物的遗传性。DNA 是生物世代更迭中唯一被传递下去的物质，也是染色体中决定遗传的物质，是基因的化学构成，是基因的本质。

关于 DNA 的结构，英国物理学家威尔金斯和富兰克林在20 世纪 50 年代首先用 X 射线晶体衍射方法得到了 DNA 螺旋形构造的结构图片。与此同时，生物化学家 Chogaff 重新测定了 DNA 中 4 种碱基的含量，发现这 4 种碱基的含量并不是相等的，而是所有嘌呤的当量与所有嘧啶的当量相等，其中$(A)=(T)$，$(G)=(C)$。这一发现使人们认识到在 DNA 中，碱基 A 与 T，G 与 C 之间可能有某种对应关系。英国结晶学家克里克和美国遗传学家沃森 1953 年共同提出了 DNA 分子的双螺旋结构模型。他们指出：DNA 分子是由 2 股相当长的核苷酸链以右向螺旋的形式相互盘绕形成的，这种结构就像一个螺旋形的梯子，梯子的外侧是 2 条由脱氧核糖和磷酸交替排列而成的核苷酸主链，2 条链的内侧分别联结着碱基，但是一条链上的碱基必须与另一链上的碱基以 A—T，G—C 相对应的方式存在，形成碱基对，这种排列方式叫作碱基配对原则。成对的 2 个碱基由氢链将其连接。在 DNA 分子中，相互对应的碱基称为互补碱基，2 条核苷酸链称为互补链。由于存在着碱基配对关系，一条核苷酸上的碱基顺序一旦确定下来，另一条与之互补的核苷酸链上的碱基顺序也就相应地被确定了，但是由成百上千对碱基构成的 DNA 分子中，每一对碱基与其相邻的上一个或下一个碱基之间的排列顺序却是完全随机的，也就是说一个 DNA 分子中的碱基对的排列顺序可能有很多种，按照数学的方法计算可能有 4^n 种，n 为 DNA 分子中碱基对的数目。例如由 100 个碱基对组成的 DNA 分子中，碱基对的排列方式就有 $4^{100}\approx1.6\times10^{60}$种之多。这个巨大的天文数字足以使现存的数以百万计的生物物种中的 DNA 分子各自具有特定的、彼此不同的碱基排列方式，而不会发生重复，其中每一种排列都包含着丰富的遗传信息。

综上所述，可以看出 DNA 结构包含了多么丰富的数学天地，即纯数学的研究对象——现实世界的空间形式和数量关系 DNA 结构中全都包括。而要解释 DNA 结构的排列及其每一种排列所包含的丰富的遗传信息，没有数学服务简直是不可思议的事情。

第三章　繁殖与生长

辩证法认为：我们可以从自然界和人类社会中举出几百个事实来证明这样一个规律，即量变改变事物的质和质变改变事物的量的情况，即量转化为质，质转化为量。关于这一规律，恩格斯在他的著作《反杜林论》中给予了举例说明："我们举出了一个极著名的例子——水的聚集状态变化的例子。水在标准压力下，在0℃时从液态转变为固态，在100℃时从液态转变为气态。可见，在这2个转折点上，仅仅是温度的单纯的量变就可以引起水的状态的质变。"

又如，这里所说的是碳化物的同系列，其中很多已被大家所知晓，它们每一个都有自己的代数组成式。如果我们按化学上的通例，用C表示碳原子，用H表示氢原子，用O表示氧原子，用n表示每一个化合物中所包含的碳原子的数目，那么我们就可以把这些系列中某几个系列的分子式表示如下：C_nH_{2n+2}为正烷属烃系列，$C_nH_{2n+2}O$为伯醇系列，$C_nH_{2n}O_2$为一元脂肪酸系列。

如果我们以最后一个系列为例，并依次假定$n=1$，$n=2$，$n=3$等，那么我们就得到下述的结果(除去同分异构体)：

CH_2O_2为甲酸，其沸点为100℃，熔点为1℃；

$C_2H_4O_2$为乙酸，其沸点为118℃，熔点为17℃；

$C_3H_6O_2$为丙酸，其沸点为140℃；

$C_4H_8O_2$为丁酸，其沸点为162℃。

$C_5H_{10}O_2$ 为戊酸，其沸点为 175℃，等等，一直到 $C_{30}H_{60}O_2$ 三十烷酸，它到 80℃才熔解，而且根本没有沸点，因为它要是不分解，就根本不能气化。

因此，这里我们看到了由于元素的单纯的数量增加，而且总是按同一比例而形成的一系列在质上不同的物体。这最纯粹地表现在化合物的一切元素都按同一比例改变它的量，例如在正烷属烃 C_nH_{2n+2} 中：最低的是甲烷 CH_4，是气体；已知的最高的是十六烷，$C_{16}H_{34}$，是一种无色结晶的固体，在 21℃熔融，在 278℃才沸腾。在 2 个系列中，每一个新的项都是由于把 CH_2，即 1 个碳原子和 2 个氢原子，加进前一项的分子式而形成的，分子式的这种量的变化，每一次都引起一个质上不同的物体的形成。

但是，这几个系列仅仅是特别明显的例子。在化学中，差不多在任何地方，例如在氮的各种氧化物中，在磷或硫的各种含氧酸中，都可以看到“量转变为质”，……

第一节　基本过程

繁殖是指生物体能够产生与自己相似的子代个体的功能，亦称生殖或自我复制(self-replication)。如烟草斑纹病毒颗粒进入烟叶毛细胞后，迅速复制出大量烟草斑纹病毒颗粒，这就是最原始的繁殖过程。单细胞生物的繁殖过程，就是一个亲代细胞通过简单的分裂(fission)或较复杂的有丝分裂(mitosis)，分成 2 个子代细胞。在此过程中，亲代细胞核内的染色质将均分给 2 个子代细胞，其中的脱氧核糖核酸将亲代的遗传信息带到子代细胞内，控制子代细胞中各种生物分子的合成。子代细胞中的各种生物分子，包括各种酶系，均与亲代细胞相同，于是子代细胞能具有与亲代细胞相同的结构与功能。高等动、植物发育到一定阶段，同样具有繁殖功能。但是它们已经分化为雄性与雌性个体，要由两性生殖细胞结合以生成子代个体，这种繁殖过程虽然复杂得多，但父系与母系的遗传信息也是分别由雄性和雌性生殖细胞的脱氧核糖核酸带给子代的。任何生物体的寿命都是有限的，必然要衰老、死亡。一切生物都是通过繁殖来延续种系的，所以繁殖是生命的基本特征之一。

生长及其发育归根到底是指生物体的细胞的分生与分化的功能。细胞分化和增大，生物体从而由小变大，如植物从幼苗长成植株，生物体中这些量上的增加就是生长。而细胞分化所导致的生物体的器官的形成，如植物植株上根、茎、叶的形成，由营养体向繁殖器官，花、果实的转变，生物体中这些在质上的转变就是发育。细胞的分生和分化在生物体的生活中总是结合在一起进行的，不过有时生物体的营养体生长得很旺盛，而分生组织向繁殖体的转变却进行得非常缓慢，如植物迟迟不能开花。有时生物体的繁殖体很早就出现了，如植物的花穗很早就出现了，繁殖器官内各种细胞的分化进行得很激烈而生物体的生长却迟钝下来。这说明，一般细胞的生长显然和细胞的分化所需要条件有不同之处。

关于繁殖与生长的详细过程，我们在第二章中已做过论述，这里就不再叙述了。

第二节　数学分析

一、细胞的繁殖与生长

根据第二章第一节、第三节和第三章第一节内容可知，当我们假设细胞分裂是在一个空间和营养供应都是无限制的环境中进行的，那么由 1 个母细胞分裂为 2 个子细胞，由 2 个子细胞再分裂为 4 个二代子细胞，按照这种方式一直分裂下去，这样的繁殖生长现象，数学上可以用函数关系式表达为：

$$y=2^x \tag{1}$$

式中，2 表示细胞繁殖生长的方式；x 表示细胞繁殖生长的代数或次数；y 表示 x 代数或次数时的细胞总数。

如果开始时的细胞总数为 y_0，则(1)式应改写为：

$$y=y_0\cdot 2^x \tag{2}$$

式中，y_0 表示开始时的细胞总数；2 表示细胞繁殖生长的方式；x 表示细胞繁殖生长的代数或次数；y 表示 x 代数或次数时的细胞总数。

如果我们引入时间 t 的概念，那么显然，当细胞分裂是在一个空间和营养供应都是无限制的环境中进行的，则细胞繁殖生长率$\frac{\mathrm{d}y}{\mathrm{d}t}$应该正比于细胞总数 y 的大小，即：

$$\frac{\mathrm{d}y}{\mathrm{d}t}=ry \tag{3}$$

式中，t 表示细胞繁殖生长的时间；y 表示时间 t 时刻的细胞总数；r 表示常数。

积分(3)式，有：

$$\int \frac{\mathrm{d}y}{y} = \int r\mathrm{d}t$$

得：　　　$\ln y = rt + c$

有：　　　$y = \mathrm{e}^{rt+c} = \mathrm{e}^{c} \cdot \mathrm{e}^{rt}$　　　(4)

令 $t=0$ 时，$y=y_0$，则　$y_0 = \mathrm{e}^{c} \cdot \mathrm{e}^{r \cdot 0} = \mathrm{e}^{c}$，

则(4)式可写成：

$$y = y_0 \cdot \mathrm{e}^{rt} \tag{5}$$

式中：y_0 表示开始时的细胞总数；y 表示时间 t 时刻的细胞总数；r 表示常数。

显然，(5)式揭示了细胞繁殖生长在一个空间和营养供应都是无限制的环境中进行分裂，其细胞繁殖生长将随时间作指数性繁殖生长。例如我们所知道的酵母细胞繁殖生长就是遵循这一规律的。

但是，实际上，细胞的繁殖生长在通常情况下是在一个空间和营养供应都是有限制的环境中进行的。所以，我们似乎有理由认为相对繁殖生长率$\frac{1}{y} \cdot \frac{\mathrm{d}y}{\mathrm{d}t}$将随着细胞总数 y 大小的增加而降低，于是，根据(3)式，可以有如下的关系：

$$\frac{1}{y} \cdot \frac{\mathrm{d}y}{\mathrm{d}t} = r - ky \tag{6}$$

式中：y 表示时间 t 时刻的细胞总数；r、k 表示常数。

若令 $a=-k$，$b=r$，则(6)式可写成：

$$\frac{1}{y} \cdot \frac{\mathrm{d}y}{\mathrm{d}t} = ay + b \quad 或 \quad \frac{\mathrm{d}y}{\mathrm{d}t} = ay^2 + by$$

令 $ay^2 + by = 0$，则 $y_1 = 0$，$y_2 = -\frac{b}{a}$

代入通解表达式有：

$$y = y_1 + \frac{y_2 - y_1}{1 - c\mathrm{e}^{a(y2-y1)t}} = 0 + \frac{\frac{-b}{a} - 0}{1 - c\mathrm{e}^{a(-b/a-0)t}}$$

$$=\frac{-\frac{b}{a}}{1-ce^{-b}t}=\frac{\frac{r}{k}}{1-ce^{-rt}}$$

令：$t=0$ 时，$y=y_0$

有：$y_0=\frac{\frac{r}{k}}{1-ce^{-r\circ 0}}=\frac{\frac{r}{k}}{1-c}$

$$C=\frac{y_0-\frac{r}{k}}{y_0}$$

$$\text{所以 } y=\frac{\frac{r}{k}}{1+(\frac{\frac{r}{k}}{y_0}-1)e^{-rt}} \tag{7}$$

式中：y_0 表示开始时的细胞总数。

这个方程叫作自然生长方程，在生物学界应用很广。如果让 $t\rightarrow\infty$，在方程中有 $e^{rt}\rightarrow 0$，因而，$y_\infty=\lim\limits_{t\rightarrow\infty}y_t=\frac{r}{k}$，这时，我们把常数$\frac{r}{k}$叫作稳定种群大小。

为了便于数学分析，我们可将(6)化为：

$$\frac{dy}{dt}=ky(\frac{r}{k}-y) \tag{8}$$

若令 $ky=f(y)$　则(6)式可写成：

$$\frac{1}{y}\cdot\frac{dy}{dt}=r-f(y) \tag{9}$$

若令 $r-f(y)=F(y)$，则(9)式可写成：

$$\frac{dy}{dt}=yF(y) \tag{10}$$

这就是生物单种群的一般数学模型。

二、个体的繁殖与生长

首先，我们研究生物总数的数学模型问题：

生物总数的增长初看起来似乎是不可能用微分方程来描述的。这是因为任何生物的总数总是按整数在变化，所以任何生物的总数绝不会是时间的可微函数。但是，若给定的总数非常大，并且它可以突然增加一个，这时发生的变化同给定的总数相比是很小的，我们就完全有理由近似地认为，当总数很大时，它是随时间连续地、甚至可微地变化的。

设 $y(t)$ 表示在时间 t 给定的生物总数，$r(t, y)$ 表示其出生率和死亡率之差。如果这种生物是孤立的，即净迁移为零，则总数的变化率 $\frac{dy}{dx}$ 等于 $ry(t)$。在最简单的数学模型中，我们假设 r 是常数，即 $r=a$，也就是说，它既不随时间变化也不随总数变化，这时，我们能够写出总数增长所遵循的微分方程是：

$$\frac{dy}{dt}=ay(t),\ a=\text{常数}$$

这是一个一阶线性常微分方程，被称为马尔萨斯(Malthus)生物总数增长定律。

积分这个方程，有：

$$\frac{dy}{y}=a dt, \quad \text{或} \quad \int\frac{dy}{y}=\int a dt$$

得方程的通解 $\ln y=at+\ln C$ 或 $y=Ce^{at}$ 如果在时间 t_0 给定的生物总数是 y_0，则有：

$$y_0=Ce^{at_0} \quad \text{或} \quad C=y_0e^{-at_0}$$

故有：　　$y=y_0e^{a(t-t_0)}$

方程的这个特解反映遵循马尔萨斯总数增长定律的任何生物都

随时间按指数函数方式增长。这个结论可以通过下面的 2 个生物现象来考察：

一是有人观察一种繁殖很快的小啮齿动物——普通田鼠。取时间单位为月，并且假设田鼠总数以每月 40%的速率增加。如果起初在 $t=0$ 时存在 2 只田鼠，则在 t 时田鼠的总数 y 满足初始条件：

$$\frac{dy}{dt}=0.4y(t),\quad y(0)=2$$

因而，

$$y(t)=2e^{0.4t}$$

在表 1 中，我们把观察到的田鼠总数同由上述方程计算的田鼠总数进行比较，可以看到二者非常一致。

表 1　普通田鼠生长情况

月	0	2	4	6
观察到的 y	2	5	20	109
计算出的 y	2	4.5	22	109.1

这里需要说明的是，在我们研究鼠的情况下，由于田鼠的孕期为 3 个星期，而统计总数所需要的时间相当短，所以观察到的 y 值很准确。如果孕期很短，那么观察到的 y 值就不会准确，因为在统计完成之前许多怀孕的田鼠又会生出小田鼠。

二是地球上的人口总数。设 y 表示在时间 t 时地球上的人口总数。据估计，在 1961 年地球上的人口总数是 3 060 000 000，在过去的 10 年间人口按每年 2%的速率增长着。因此 $t_0=1961$，$y_0=3.06\times10^9$，$a=0.02$，于是：

$$y(t)=3.06\times10^9e^{0.02(t-1961)}$$

用这个公式检验过去的人口总数，结果是：非常准确地反映了在 1700—1961 年期间估计的人口总数。在这期间地球上的人口大约每35年增加1倍，而上述方程断定每34.6年增加1倍。具体推算是，在时间 $T=t-t_0$ 内地球上的人口增加1倍，这里 $e^{0.02T}=2$。取这个方程两端的对数，得到 $0.02T=\ln 2$，因此 $T=50\ln 2\approx 34.6$。但是，让我们再推算一下遥远未来的情况，由上述方程可知：地球上的人口总数在2510年将是 2×10^{14}，在2635年将是 1.8×10^{15}，在2670年将是 3.6×10^{15}。然而，地球表面的总面积近似为 $1.73\times 10^{14}\,\mathrm{m}^2$。地球表面的80%被水覆盖。假设今后的人也愿意在船上生活，同在陆地上一样，那么不难看出，到2510年，平均每人仅占 $0.8640\mathrm{m}^2$；到2635年，每人仅占 $0.0929\mathrm{m}^2$，刚够立足；而到2670年，我们只能一个人站在另一个人的肩上排成2层了。

显然，这个数学模型是不合理的。为了消除这个疑难，我们注意到：只要生物总数不太大，生物总数增长的线性数学模型是可取的。当生物总数非常大时，线性数学模型就不可能很准确了，因为这些模型没有反映一个事实，即各个生物成员之间为了有限的生活场所、可利用的自然资源和食物而正在进行着竞争。因此，我们必须在所考虑的线性微分方程中加上一个竞争项。竞争项的一种适当的选择方法是，把它取为 $-by^2$，其中 b 是常数，因为单位时间内2个成员相遇次数的统计平均值与 y^2 成正比。所以，我们考虑经过修正的微分方程是：

$$\frac{\mathrm{d}y}{\mathrm{d}t}=ay-by^2$$

这个方程被称为生物总数增长统计筹算律，数 a，b 称为生物总数的生命系数。这个定律是荷兰数学生物家弗胡斯特（Verhulst）首先发现的。一般说来，常数 b 同 a 相比是很小的，因此，如果 y 不太大，则竞争项 $-by^2$ 同 ay 相比可以略去，而生物总数将按指数方式增长。然而，当 y 很大时，竞争项

$-by^2$就不能再忽略了，这样就会使生物总数急剧增长的速率减缓下来。显然，一个国家工业化的程度越高，那么它的生活空间就越多，它的食物就越多，因而系数 b 就越小。

积分上述方程，有

$$\frac{\mathrm{d}y}{y-\frac{b}{ay^2}}=a\mathrm{d}t \text{ 或} \int\frac{\mathrm{d}y}{y-\frac{b}{ay^2}}=\int a\mathrm{d}t$$

及 $$\int\left(\frac{1}{y}+\frac{\frac{b}{a}}{1-\frac{b}{ay}}\right)\mathrm{d}y=\int a\mathrm{d}t$$

得方程的通解：

$$\ln y-\ln\left(1-\frac{b}{a}y\right)=at+\ln C$$

有：$\ln=\frac{y}{\left(1-\frac{b}{ay}\right)C}=at$ 或 $\frac{ay}{C(a-by)}=\mathrm{e}^{at}$

如果在时间 t_0 给定的生物总数是 y_0，则有：

$$\frac{ay_0}{C(a-by_0)}=\mathrm{e}^{ato} \text{或} C=\frac{ay_0}{a-by_0}\cdot \mathrm{e}^{ato}$$

因为 $ay=Ca\mathrm{e}^{at}-Cby\mathrm{e}^{at}$，有 $y=\frac{Ca\mathrm{e}^{at}}{a+Cb\mathrm{e}^{at}}$

故有特解

$$y=\frac{\frac{a^2y_0}{a-by_0}\mathrm{e}^{a(t-t_0)}}{a+\frac{aby_0}{a-by_0}\mathrm{e}^{a(t-t_0)}}=\frac{ay_0\mathrm{e}^{a(t-t_0)}}{a-by_0+by_0\mathrm{e}^{a(t-t_0)}}$$

$$=\frac{ay_0}{by_0+(a-by_0)\mathrm{e}^{-a(t-t_0)}}$$

这一方程的图形如图 3 所示。图 3 中的曲线被称为统计筹算曲线或 S 形曲线。由它的形状可得下述结论：①不论其初始值如何，生物总数总是趋向于极限值 a/b. ②在生物总数达到其极限值的一半以前的时期，是加速生长时期。过了这一点以后，生长的速率逐渐减小，并且迟早会达到零。这是减速生长时期。

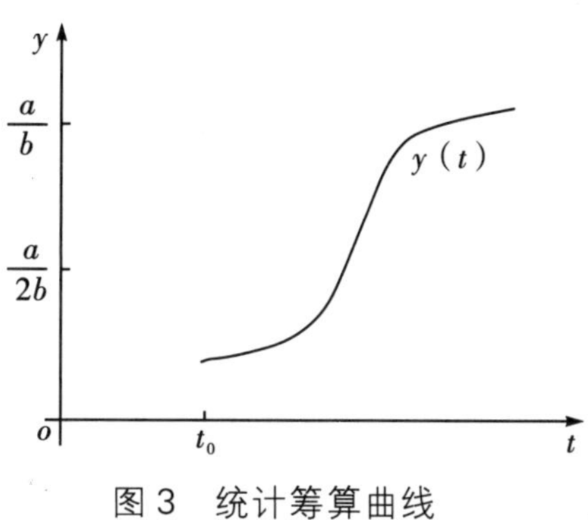

图 3　统计筹算曲线

上述特解的方程及其结论可以通过下面的 2 个生物现象来考察：

一是数学生物学家 E. F. 高斯(Gauss)曾进行过这样的实验。把 5 个草履虫放在盛有 0.5cm³ 营养液的小试管中，连续 6d 每天都数一数试管中草履虫的个数。发现，当草履虫的个数较少时，它们以每天 230.9%的速率增长。起初草履虫的个数增长很快，而后慢下来了，直到第 4d 达到最高水平 375 个，充满整个试管，由这个实验，我们得到下述结论：如果草履虫是按统计筹算律：

$$\frac{\mathrm{d}y}{\mathrm{d}t}=ay-by^2$$

增长的，则 $a=2.309$，$b=2.309/375$。因而，由统计筹算律断定：

$$y=\frac{2.309\times5}{2.309\times5/375+(2.309-2.309\times5/375)\mathrm{e}^{-2.309t}}$$

$$=\frac{375}{1+74\mathrm{e}^{-2.309t}}$$

(取初始时间 $t_0=0$)。在图 4 中，把由这个方程确定的 y 曲线同实际观察结果(曲线上用 0 表示)进行比较，可以看到二者十分一致。

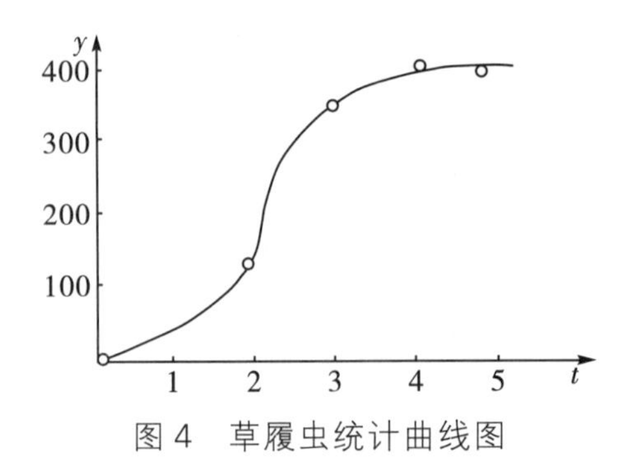

图 4　草履虫统计曲线图

二是推断地球上未来的人口总数。首先我们根据某些生态学家的估计，给出人口增长所遵循的统计筹算方程中的生命系数 a 的自然值是 0.029；还知道，当人口总数为 3.06×10^9 时，它正以每年 2%的速率增长着，由于：

$$\frac{1}{y}\cdot\frac{\mathrm{d}y}{\mathrm{d}t}=a-by$$

可知　$0.02=0.029-b(3.06\times10^9)$。

因而，$b=2.941\times10^{-12}$。于是，按照生物总数统计筹算增长率可知，地球上的人口总数将趋向于极限值：

$$\frac{a}{b}=\frac{0.029}{2.941\times10^{-12}}=9.86\times10^9(\text{人})$$

根据这个推断，在 1961 年我们仍然处于统计筹算曲线的加速增长部分，因为尚未达到上面指出的极限值的一半。

最后需要声明：①工业技术的发展、环境污染状况以及社会风尚，都对生命系数 a 和 b 有重大影响。因此，这些系数每过几年都要重估一次。②为了建立更精确的生物总数增长的数学模型，我们不应当把这总数看作是由处于同等地位的成员组成的；相反，我们应当把它按照不同的年龄进行分组。我们还应把总数分为雄性的和雌性的，因为总数增长率在较大程度上取决于雌性的数目而不是取决于雄性的数目。③生物总数统计筹算增长率的不足是：对于有些生物总数来说，其值是在两个数值之间周期性地摆动，而统计筹算曲线却不允许任何类型的摆动。但是，对于有些摆动我们能够这样来解释：当某些生物总数达到足够高的密度时，它们就容易发生传染病。由于传染病的影响，生物总数降到较低的数值，这时又重新开始增加，直到再次发生传染病。

其次，我们研究关于生物总体数量的非均值计算方法：

对于生物资源总体数量的计算，这里对具有数量分布中心这一类生物资源进行总体数量计算，介绍一个在相关分析的基础上，运用微积分进行生物动态统计的计算方法。

1. **论点**

对于具有数量分布中心的生物（如植物）总体，在其分布区域 Ω（如平面分布面积 S）中，计算生物总体数量 Q 的公式为

$$Q=\int_{\Omega_i}^{\Omega_j}\rho(\Omega)\mathrm{d}\Omega \quad (i=0,1,2,\cdots\cdots,n;i\leqslant j)$$

式中，$[\Omega_i,\ \Omega_j]$为分布区域 Ω 的范围，$\rho(\Omega)$为数量分布密度（生物个体数量/单位区域）；

且当 $\rho=k$ 时，$Q=k(\Omega_j-\Omega_i)$；

当 $\rho=-k\Omega+b$ 时，

$$Q=(\Omega_j-\Omega_i)\left(-\frac{k}{2\Omega_j}-\frac{k}{2\Omega_i}+b\right);$$

$\rho=\dfrac{k}{\Omega^n}(n=0,\ 1,\ 2,\ \cdots\cdots,)$时

$$Q=\begin{cases} k(\Omega_j-\Omega_i) & n=0, \\ k\ln\dfrac{\Omega_j}{\Omega_i} & n=1, \\ \dfrac{k}{-n+1}(\Omega_j^{1-n}-\Omega_i^{1-n}) & n>1。\end{cases}$$

2. **推导**

生物(如植物)总体由于生存所依赖的环境条件决定了个体在数量方面具有区域性的数量分布中心，这是生物科学公认的一条生物规律。即任何生物群体在自然环境中总有自己最适宜的生长区域，一般适生区域和可生区域有区分，并且区域之间呈连续性的过渡状态。根据这一规律，我们假设，对于某种生物群体，在其数量分布中心 Ω_1(如在最适生长区域)内，其数量分布密度 ρ_1 最大，那么，随着分布区域 Ω 不断向四周扩大(如向一般适生区域及可生存区域)，其分布区域 Ω 内的数量分布密度 ρ(生物个体数量/单位区域)将逐渐减小，如图 5 所示。

若用三维空间(如 X 为纬度，Y 为经度，ρ 为数量分布密度)和四维空间(如 X 为纬度，Y 为经度，Z 为海拔，ρ 为数量分布密度)直观的表示图 5，则有如下图 6。

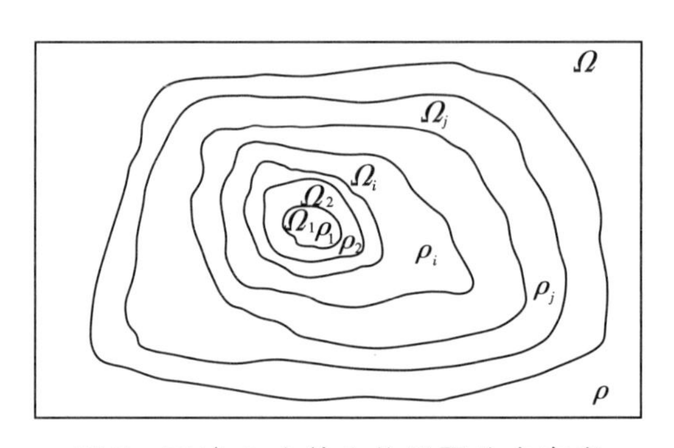

图 5　区域 Ω 内的生物平面分布密度

显然，当 Ω 分别扩大为 Ω_1，Ω_2…，Ω_i…，Ω_j…时(其中 $\Omega_1 \in \Omega_2 \in \cdots \Omega_i \in \cdots \in \Omega_j \in \cdots$)，有 $\rho_1 > \rho_2 > \cdots > \rho_i > \cdots \rho_j > \cdots$。也就是说，数量分布密度 ρ 与分布区域 Ω 在自然界中存在相关关系，见表 2。

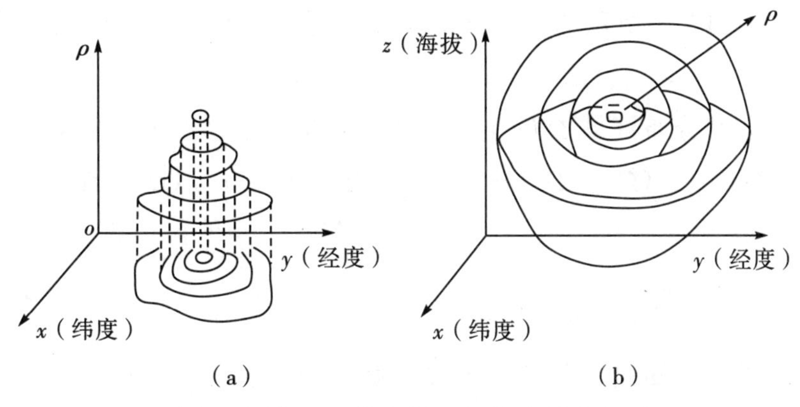

图 6　区域 Ω 三维空间、四维空间分布图

表 2　分布密度与区域表

数量分布密度 ρ	ρ_1　$\rho_2\cdots\rho_i\cdots\rho_j\cdots$
分布区域 Ω	Ω_1　$\Omega_2\cdots\Omega_i\cdots\Omega_j\cdots$

如用散点图表示，数量分布密度 ρ 与分布区域 Ω 之间的相关关系在平面直角坐标系上的曲线则呈现图 7 中的 4 种曲线类型(即 A、B、C、D 型)之一。

若对表达相关关系的曲线进行回归可得函数近似表达式：

$$\rho=\rho(\Omega)$$

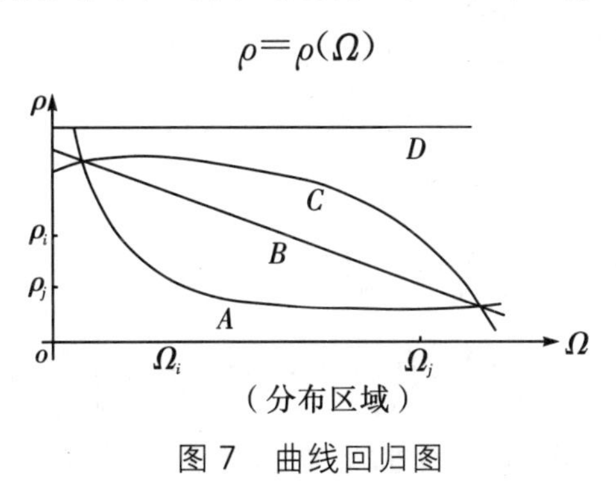

图 7　曲线回归图

我们知道

生物个体数量=(生物个体数量/单位区域)×单位区域。如

图 5 和图 6 中所示的某一分布区域的生物个体数量应近似为：

$$\rho_i(\Omega_i-\Omega_{i-1}) \quad (i=1, 2, \cdots, n)$$

则，全部分布区域 Ω 的生物个体总数量应近似为：

$$Qn = \rho_1(\Omega_1-\Omega_0)+\rho_2(\Omega_2-\Omega_1)+\cdots+\rho_i(\Omega_i-\Omega_{i-1}) +\cdots+\rho_n(\Omega_n-\Omega_{n-1})$$

$$= \sum_{i=1}^{n}\rho_i(\Omega_i-\Omega_{i-1})$$

我们还知道，分布区域 Ω 与数量分布密度 ρ 的相关关系的函数近似表达式为：$\rho=\rho(\Omega)$

若将 Ω_i 代入即得 $p_i=p(\Omega_i)$ $(i=1, 2, \cdots, n)$，

这时上述公式可写成：$Qn = \sum_{i=1}^{n}\rho(\Omega_i)(\Omega_i-\Omega_{i-1})$

我们由图 6 和图 7 可以直接看到，

当 $n\to\infty$ 时，显然 $\|(\Omega_i-\Omega_{i-1})\|\to 0$，

这时，我们根据极限定义知，全部分布区域 Ω 的生物个体总数量应为：

$$Q=\lim_{n\to\infty}Q_n=\lim_{\|(\Omega_i-\Omega_{i-1})\|\to 0}Q_n$$

$$=\lim_{\|\Omega_i-\Omega_{i-1}\|\to 0}\sum_{i=1}^{n}\rho(\Omega_i)(\Omega_i-\Omega_{i-1})$$

因为 $\Omega_{i-1}<\Omega_i=\Omega_i$ $(i=1, 2, \cdots, n)$，

那么，根据定积分的定义，有：

$$Q=\lim_{n\to\infty}Q_n=\lim_{\|(\Omega_i-\Omega_{i-1})\|\to 0}Q_n$$

$$=\lim_{\|\Omega_i-\Omega_{i-1}\|\to 0}\sum_{i=1}^{n}\rho(\Omega_i)(\Omega_i-\Omega_{i-1})=\int_{\Omega_0}^{\Omega_n}\rho(\Omega)\mathrm{d}\Omega$$

所以，在全部分布区域 Ω 的生物总体数量应为：

$$Q=\int_{\Omega_0}^{\Omega_n}\rho(\Omega)\mathrm{d}\Omega$$

在分布区域 $\Omega\in[\Omega_0, \Omega_j]$ 范围内的生物总体数量应为：

$$Q = \int_{\Omega_0}^{\Omega_j} \rho(\Omega)\,\mathrm{d}\Omega \quad (i \leqslant j)$$

所以，在分布区域 $\Omega \in [\Omega_i, \Omega_j]$ 范围内的生物总体数量应为：

$$Q = \int_{\Omega_0}^{\Omega_j} \rho(\Omega)\,\mathrm{d}\Omega - \int_{\Omega_0}^{\Omega_i} \rho(\Omega)\,\mathrm{d}\Omega$$

$$= \int_{\Omega_i}^{\Omega_j} \rho(\Omega)\,\mathrm{d}\Omega \quad (i = 0,1,2,\cdots,n; i \leqslant j)$$

在这个公式中，数量分布密度 $\rho(\Omega)$ 为被积函数，分布区域 Ω 为积分变量，分布区域 Ω 的范围 $[\Omega_i, \Omega_j]$ 为积分区间。

且当 $\rho(\Omega)$ 曲线呈 D 型时，

由于 $\rho(\Omega)=k$

代入公式有：

$$Q = \int_{\Omega_i}^{\Omega_j} \rho(\Omega)\,\mathrm{d}\Omega = \int_{\Omega_i}^{\Omega_j} k\,\mathrm{d}\Omega = k(\Omega_j - \Omega_i);$$

当 $p(\Omega)$ 曲线呈 B 型时，

由于 $p(\Omega)=-k\Omega+b$

代入公式有：

$$Q = \int_{\Omega_i}^{\Omega_j} \rho(\Omega)\,\mathrm{d}\Omega = \int_{\Omega_i}^{\Omega_j} (-k\Omega + b)\,\mathrm{d}\Omega$$

$$= -\frac{k}{2}\Omega^2 \Big|_{\Omega_i}^{\Omega_j} + b\Omega \Big|_{\Omega_i}^{\Omega_j}$$

$$= (\Omega_j - \Omega_i)\left(-\frac{k}{2\Omega_j} - \frac{k}{2\Omega_i} + b\right);$$

当 $p(\Omega)=\dfrac{k}{\Omega^n}$ 呈曲线时，

代入公式有：

$$Q = \int_{\Omega_i}^{\Omega_j} \rho(\Omega)\,\mathrm{d}\Omega = \int_{\Omega_i}^{\Omega_j} \frac{k}{\Omega^n}\,\mathrm{d}\Omega$$

$$
=\begin{cases} k(\Omega_j-\Omega_i) & n=0; \\ k\ln\dfrac{\Omega_j}{\Omega_i} & n=1; \\ \dfrac{k}{-n+1}(\Omega_j^{1-n}-\Omega_i^{1-n}) & n>1。\end{cases}
$$

在推导过程中，我们可以看到 $\rho(\Omega)=\dfrac{k}{\Omega^n}$ 在 $n=0$ 时，实际上就是 D 曲线状态，在 $n>1$ 时，实际上就是 A 曲线状态之一。

3. **讨论分析**

1)生物总体数量的非均值计算方法(以下简称非均值法)和生物总体数量的均值计算方法(以下简称均值法)在作业过程中对踏查的要求、样本调查的目的和数据处理的方法两者是不同的，见图 8 和图 9。

生物总体数量的均值计算方法的作业过程：

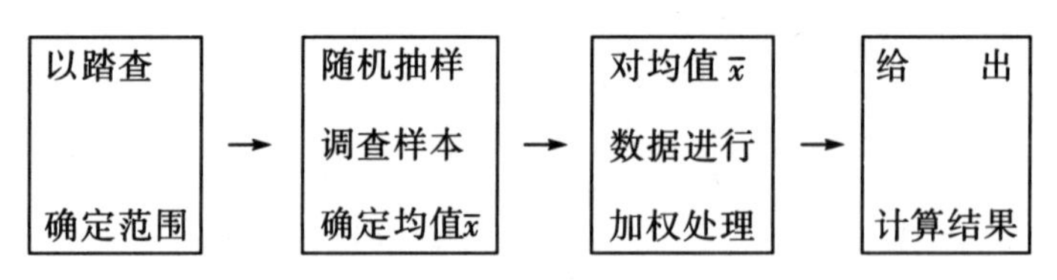

图 8　均值计标作业图

生物总体数量的非均值计算方法的作业过程：

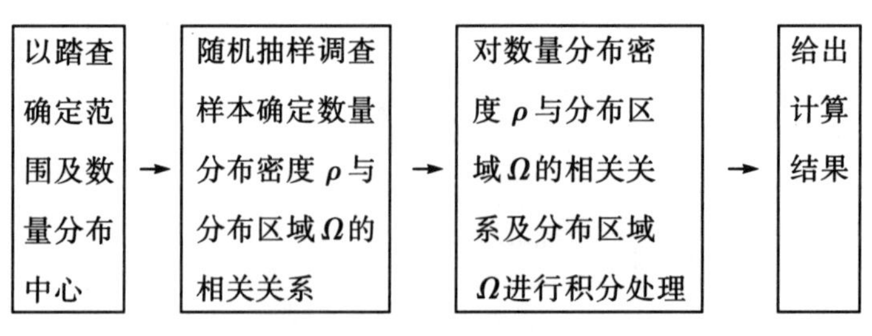

图 9　非均值计标作业图

2)非均值法与均值法的工作量比较

(1)在野外踏查上，非均值法和均值法的工作量是一样的。其原因是，确定范围本身，就已知了数量分布中心(如对陕西省境内的沙棘资源进行调查的情况就是这样)。

(2)在调查样本上，非均值法比均值法的工作量要小得多。其原因是，均值法调查样本的目的是求 $\overline{x}$，故要求在条件允许的情况下尽可能多取样，因为越多 $\overline{x}$ 代表性越强，即取样越多越好。而非均值调查样本的目的是找出数量分布密度 ρ 与分布区域 Ω 的相关关系，所以，要求取样适当，能反映趋势即可。这一点在实际工作中是显而易见的(如对陕西省境内的沙棘资源进行调查的情况就是这样)。

(3)在数据处理上，非均值法比均值法至少在 2 个方面的工作量要小。

①减少存储量。我们知道均值 $\overline{x}$ 是建立在大量数据之上的，离开了大量的数据，$\overline{x}$ 是无力说明问题的一个常数，即没有什么特征，所以，要保证计算的可逆性，均值只能尽可能多地接受原始数据存储。均值法是建立在数量分布密度与分布区域的相关关系之上，本身就是有特征的减函数曲线，所以，非均值法只接受曲线存储，就可保证计算的可逆性。

②减少运算量。对于生物总体数量调查，人们总希望得到各种满意的答复，如全分布区域总体是多少？某一分布区域总体是多少？随着分布区域的扩大或减少，生物总体增长或减少的速率如何等等。对于这些常见的问题，均值法需要大量反复的调用数据，进行组合、运算以得出结果。而非均值法对于这些问题不过是进行一些微积分运算而已。

3)由 2 中的数据处理工作量分析过程可知，非均值法在整个计算过程中始终具有可逆性。而均值法只有在大量保存原始数据的状况下，才在计算上有可逆性。

4)在实际工作中，非均值法与均值法具有互检的功能。例如，对某一生物资源采取均值法进行调查，那么，这个调查结果的计算如何验证，则是一个问题。对于这个问题，我们可用非均值法进行验收复查。假如，2 种方法的计算结果相近，我们就有理由认为，计算结果是逼近真值的，其原因是 2 种方法的计算结果都应在争取逼近真值。反之亦然。

最后还要指出 2 点：其一，非均值法结合遥感技术(如航片、卫片、扫描及求积仪计算)对生物资源调查在工作计算上有更为简化的功能。其二，非均值法对单项生物资源调查最有效，对于多项生物资源调查，可把其化为单项再使用。

第三，我们研究生物体的重量问题：

假设动物或植物的重量 W 按下列函数关系随时间而变化，则有：

$$W=g(t)$$

如果，在一个短时间间隔 Δt 内，动物或植物的重量改变 Δw，那么单位时间的生长率为$\frac{\Delta w}{\Delta t}$。我们把时刻 t 的生长率用符号 GR 表示，则有：

$$GR=\lim_{\Delta t\to 0}\frac{\Delta w}{\Delta t}$$

$$GR=\frac{\mathrm{d}w}{\mathrm{d}t}=g'(t)$$

在时刻 t 的生长率与该时刻动物和植物的重量有关，所以我们引进相对生长率(RGR)，那么

$$\mathrm{RGR}=\frac{1}{w}\cdot\frac{\mathrm{d}w}{\mathrm{d}t}=\frac{g'(t)}{g(t)}$$

第四，我们研究生物体的分支问题：

在一个有机体上，各性状都在同时生长。在这些生长中，它们各自的生长都可能是某个环境因子或时间的函数。由于这些性状都在一个有机体上，故它们之间在相对增长上应该是有关系的。如某种植物茎的性状 x 与根的性状 y 都是时间 t 的函数，且关于时间 t 的增长规律为：

$$\begin{cases} x = x_0 e^{r_1 t} \\ y = y_0 e^{r_2 t} \end{cases}$$

试求根 y 相对茎 x 的增长率，并进行分析。

由于：

$$\frac{dy}{dt} = y_0 r_2 e^{r_2 t} = r_2 y$$

$$\frac{dx}{dt} = x_0 r_1 e^{r_1 t} = r_1 t$$

故：
$$\frac{dy}{dx} = \frac{r_2 y}{r_1 x}$$

即根与茎的相关增长速率为$\frac{dy}{dx} = \frac{r_2 y}{r_1 x}$。

又显然有：
$$\frac{\frac{1}{y}\frac{dy}{dt}}{\frac{1}{x}\frac{dx}{dt}} = \frac{r_2}{r_1}$$

即 y 与 x 的相对增长率之比$\frac{r_2}{r_1}$，若$\frac{r_2}{r_1}>1$，表明有机体向多根性发展；若$\frac{r_2}{r_1}<1$，则表明有机体向多枝性发展。

这里我们也研究一下肿瘤生长的动力学问题：

有人在实验中观察到：“自由生活的”分裂细胞，例如细菌细胞，其生长速率与当时分裂细胞的体积成正比。设 $y(t)$表示

在时间 t 分裂细胞的体积。于是，对于某一个正的常数 λ，

$$\frac{\mathrm{d}y}{\mathrm{d}t}=\lambda y$$

积分这个方程，有：

$$\frac{\mathrm{d}y}{y}=\lambda\mathrm{d}t \quad 或 \quad \int\frac{\mathrm{d}y}{y}=\int\lambda\mathrm{d}t$$

得方程的通解：

$$\ln y=\lambda t+\ln c \quad 或 \quad y=c\mathrm{e}^{\lambda t}$$

如果 t_0 时刻分裂细胞的体积是 y_0，则有：

$$y_0=c\mathrm{e}^{\lambda t_0} \quad 或 \quad c=y_0\mathrm{e}^{-\lambda t_0}$$

故有特解：$y=y_0\mathrm{e}^{\lambda(t-t_0)}$。

这个方程说明，自由生活的细胞是随时间按指数规律生长的，而且每经过 $\mathrm{In}2/\lambda$ 长的一段时间，细胞的体积就要增加 1 倍。

另一方面，实体肿瘤并不随时间按指数规律增长。当肿瘤变大时，肿瘤总体积增加 1 倍所需要的时间不断增加。众多研究工作者都已证明：在肿瘤体积增加大约 1 000 倍以上时，许多实体肿瘤的资料都明显地符合下式：

$$y=y_0\mathrm{e}^{\frac{\lambda}{a}(1-\mathrm{e}^{-at})}$$

这里 λ 和 a 都是正的常数。这个方程被称为巩佩尔茨(Gompertz)关系式。它说明：随着时间的增加，肿瘤生长得越来越慢，最后趋向于极限体积 $y_0e^{\frac{\lambda}{a}}$。医学家长期以来一直在考虑怎样解释这个与简单指数生长规律的偏差。通过求 $y(t)$所满足的微分方程，我们可以得到对于这个问题的许多了解。对上式求导，得到：

$$\frac{\mathrm{d}y}{\mathrm{d}t}=y_0\lambda\mathrm{e}^{-at}\mathrm{e}^{\lambda/a(1-\mathrm{e}^{-at})}=\lambda\mathrm{e}^{-at}y$$

关于肿瘤生长动力学，曾经提出过 2 种相互矛盾的理论。它们对应于上述常微分方程的 2 种排列：

$$\frac{dy}{dt}=(\lambda e^{-at})y,$$

$$\frac{dy}{dt}=\lambda(e^{-at}y)。$$

按照第一种理论，肿瘤生长变慢是由于细胞的平均增殖时间增加，而生殖细胞所占比例并不改变。随着时间增加，生殖细胞成熟、衰老，因而分裂变慢。这种理论相应于：

$$\frac{dy}{dt}=(\lambda e^{-at})y。$$

按照第二种理论，分裂细胞的平均增殖时间保持不变，生长变慢是由于肿瘤中生殖细胞的死亡。对于这种情况一种可能的解释是：肿瘤中心出现了坏死区域。对于特殊类型的肿瘤，当达到临界体积时，就会出现坏死现象。此后，随着肿瘤总体积的增加，坏死"核"迅速增大，这种理论同时指出：坏死核的出现，是由于在许多肿瘤中血液的供应，因为氧和营养的供应被限制在肿瘤表面以及表面下很短的距离之内。随着肿瘤生长，通过扩散向中心核供应氧会变得越来越困难，结果形成坏死核，这种理论相应于：

$$\frac{dy}{dt}=\lambda(e^{-at}y)。$$

第五，我们研究离散时间的单种群模型：

yule1924 年在描述同一属中的新种进化率时首先提出了随机形成的简单纯生过程(或纯死过程)。故亦称 yule—Furry 过程。

其假设为：

1)在时刻 t，种群大小为 $N(N=0, 1, 2, \cdots)$，则在区间 $(t, t+\Delta t)$ 为 $N+1$ 的概率为 $\lambda N\Delta t+0(\Delta t)$。

2)从 N 到不同于 $N+1$ 的任一种情况的概率为 $0(\Delta t)$。

3）不发生变化的概率为 $1-\lambda N\Delta t+0(\Delta t)$。在上述假设下，在时刻 $t+\Delta t$ 时，种群大小为 N 的概率为：

$$P_N(t+\Delta t)=P_N(t)\lambda(N-1)\Delta t+P_N(t)(1-\lambda N\Delta t)+0(\Delta t)$$

即，要么在时刻 t 时，种群大小为 $N-1$，其概率为 $P_{N-1}(t)$，在 Δt 内发生了一次变化；要么在 t 时种群大小为 N，在 Δt 内没有发生变化。于是，当 $\Delta t\to 0$ 时有：

$$\frac{\mathrm{d}P_N(t)}{\mathrm{d}t}=-\lambda NP_N(t)+\lambda(N-1)P_{N-1}(t)$$

设 $N|_{t=0}=N_0$，$P_{N_0}(0)=1$，$P_N(0)=0$，$N\neq N_0$，由于没有死亡，种群大小不会小于初始值，故：

$P_{N_0-1}(0)=0$，则有：

$$\frac{\mathrm{d}P_{N_0}(t)}{\mathrm{d}t}=-\lambda N_0P_{N_0}(t) \tag{1}$$

积分得：$\ln|P_{N_0}(t)|=-\lambda N_0t+C$

由于 $P_{N_0}(0)=1$，故 $\ln P_{N_0}(0)=0$，$C=0$，故：

$$P_{N_0}(t)=\mathrm{e}^{-\lambda N_0t} \tag{2}$$

显然(2)是在区间(0，t)内没有发生繁殖的概率。

如果在(0，t)内发生了 1 次繁殖，则由(1)有：

$$\frac{\mathrm{d}P_{N_0+1}(t)}{\mathrm{d}t}+\lambda(N_0+1)P_{N_0+1}(t)$$

$$=\lambda N_0P_{N_0}(t)=\lambda N_0\mathrm{e}^{-\lambda N_0t}$$

这个方程便是我们这个例子中要指出的形如：

$\frac{\mathrm{d}y}{\mathrm{d}x}+p(x)y=Q(x)$的线性常微分方程。要知道在(0，$t$)内发生 1 次繁殖的概率，就需解出这个方程。

解：令 $y=P_{N_0+1}(t)$，$P(t)=\lambda(N_0+1)$，$Q(t)=\lambda N_0\mathrm{e}^{-\lambda N_0t}$ 则通解表达式为：

$$P_{N_0+1}(t) = e^{-\int \lambda(N_0+1)dt}\left(\int \lambda N_0 e^{-\lambda N_0 t} e^{\int \lambda(N_0+1)} dt + C\right)$$

$$= e^{-\lambda(N_0+1)t}\left(\int \lambda N_0 e^{-\lambda N_0 t} e^{\lambda \int (N_0+1)t} dt + C\right)$$

$$= e^{-\lambda(N_0+1)t}\left(\int \lambda N_0 e^{\lambda t} dt + C\right) = (N_0 e^{\lambda t} + C) e^{-\lambda(N_0+1)t}$$

由于　$P_{N_0+1}(0)=0$，故 $C=-N_0$，则特解为：

$$P_{N_0+1}(t)=N_0(e^{\lambda t}-1)e^{-\lambda(N_0+1)t}=N_0 e^{-\lambda N_0 t}(1-e^{-\lambda t})$$

这便是在$(0, t)$内发生 1 次繁殖的概率。

世代之间没有重叠，所以种群增长分步进行，例如温带节足动物，描述它们的生长过程是一个不连续的模型，一般是一个差分方程。与连续方程类似，对应于非密度制约的 Logistic 方程有：

$$\frac{dN(t+1)}{dt}=\lambda N(t) \tag{3}$$

这里 $N(t+1)$ 与 $N(t)$ 分别表示第 $t+1$ 与 t 代种群密度，λ 为有限增加率。易见当 $\lambda>1$ 时，N 指数地增长，趋于无限；当 $\lambda<1$时，N 指数地减少，趋于零。因此与$\frac{dN(t)}{dt}=\lambda N(t)$一样是不准确的，所以必须考虑具有密度制约的模型，对应于$\frac{dN}{dt}=NF(N)$有：

$$N(t+1)=N(t)F[N(t)] \tag{4}$$

这里 $F[N(t)]$就是一个非线性密度调节机理，对应于不同的 F 就有不同的模型。例如：

Ricker(1954)模型：

$$N(r+1)=N(t)e^{[r(1-N(t)/k]} \tag{5}$$

$$N(t+1)=SN(t)+N(t)e^{[r(1-N(t)/k]} \tag{6}$$

Hassell(1975)模型：

$$N(t+1)=\frac{\lambda N(t)}{[1+aN(t)]^{b}} \tag{7}$$

这里 λ，a，b 都是正常数。

Clark(1976)模型：

$$N(t+1)=SN(t)+G[N(t-2)] \tag{8}$$

这里 S 是常数。

考虑模型：

$$N(t+1)=SN(t)+N(t-2)\mathrm{e}^{[r(1-N(t-2)/k]} \tag{9}$$

这个模型与上面几个均有差别，前面各模型中第 $t+1$ 代的密度只取决于第 t 代的密度，而这里不仅如此，它还取决于第 $t-2$ 代的密度。在研究(9)时我们可以把它变成等价方程组：

$$\begin{cases}N_1(t+1)=N_2(t)\\ N_2(t+1)=N_3(t)\\ N_3(t+1)=SN_3(t)+N_1(t)\mathrm{e}^{[r(1-\frac{N_1(t)}{k})]}\end{cases} \tag{10}$$

对应于模型 $\frac{\mathrm{d}N}{\mathrm{d}t}=\frac{\lambda N(K-N)}{K}$ 的，显然是模型：

$$N(t+1)=N(t)[1+r(1-\frac{N(t)}{k})] \tag{11}$$

第六，我们研究具时变环境的单种群模型：

在模型 $\frac{\mathrm{d}N}{\mathrm{d}t}=\frac{\lambda N(K-N)}{K}$ 中，我们考虑在环境中容纳量 $K=\mathrm{comst}$，但是有时环境是变化的。例如容纳量周期性变化：

$$K(t)=Ko+K_1\cos(\frac{2\pi}{\tau}t)$$

则方程 $\frac{\mathrm{d}N}{\mathrm{d}t}=\frac{\lambda N(K-N)}{K}$ 变为

$$\frac{\mathrm{d}N}{\mathrm{d}t}=rN\left[\frac{1-N}{K(t)}\right] \tag{12}$$

解方程得到：$N(t) = \{r\int_0^t \frac{1}{K(s)} e^{[r(s-t)]} ds\}^{-1}$

而特征返回时间仍为 $T_R = \frac{1}{r}$。

进一步考虑，环境变化是随机的，即 $K(t)$是随机变量。

第七，我们研究反应扩散方程：

我们可以把方程$\frac{dN}{dt} = \lambda N(K-N)K$ 写成：

$$\frac{dU}{dt} = SU(1-U) \tag{13}$$

这里 $U = \frac{1}{K}N$，$S = r_m$。在这里我们已假定种群密度在空间中的分布是均匀的。如果密度分布是不均匀的，则高密度位置的种群就要向低密度位置扩散。如果我们假定这种扩散在空间中是各向同性的，则方程(13)中加上扩散的因素，方程即可写为：

$$U_t = U_{xx} + SU(1-U) \tag{14}$$

方程(14)称为 Fisher 方程(1937)，其中 U 表示种群密度，t 表示时间，x 表示空间坐标。注意在这种情况下密度 U 是时间 t 和空间坐标 x 的函数 $U(x, t)$。

对应于一般非线性密度制约模型$\frac{dN}{dt} = NF(N)$，在密度分布不均匀的情况下则变成：

$$U_t = U_{xx} + f(U) \tag{15}$$

方程(15)称为反应扩散方程。而方程：

$$U_t = f(U) \tag{15$'$}$$

可以说是只有反应而无扩散，我们暂且称为反应方程。若反应方程有平衡解 $U = U^*$。使 $f(U^*) = 0$，则 $U = U^*$ 也是反应扩散方程(15)的平衡解，而且 $U = U^*$ 这个平衡解的稳定性对于

(15)和(15)′是一样的。但在反应扩散方程(15)的研究中，我们还要考虑行波解(traveling waves)，即型如 $u(x, t)=U(x-Ct)$的解。这里 $C=\text{const}$。我们把这个解代入方程(15)即得：

$$U''-CU'+f(U)=0$$

我们将研究行波解的存在性、唯一性以及稳定性。

三、群体的繁殖与生长

1. 相克种群生长的数学模型

在同一空间内，两个植物种群往往表现为“相克与被相克”“寄主与寄生”等关系，这种关系称为相克系统。

两个种群相克的结果是一个种群的增长率下降，另一个上升。假设一个种群的地位为被相克者，成员数为 $N_1(t)$，另一种群为相克者，其成员数为 $N_2(t)$。$N_1(t)$的营养条件是充分供给的，有一个稳定的出生率 A。$N_1(t)$的死亡率等于单位时间内 $N_1(t)$的死亡数与 $N_1(t)$之比，且 $N_1(t)$在单位时间内的死亡数与 $N_1(t)$与 $N_2(t)$成正比，即 BN_1N_2，即：

$$\frac{1}{N_1}\cdot\frac{\mathrm{d}N_1}{\mathrm{d}t}=A-\frac{BN_1N_2}{N1}=A-BN_2$$

又因为相克者的增长率应与 N_1 成正比，且受其营养条件(N_1)的影响，因而有$\frac{1}{N_2}\cdot\frac{\mathrm{d}N_2}{\mathrm{d}t}=CN_1-D$

综合上述可得相克方程组：

$$\begin{cases}\dfrac{\mathrm{d}N_1}{\mathrm{d}t}=AN_1-BN_1B_2\\[2ex]\dfrac{\mathrm{d}N_2}{\mathrm{d}t}=-DN_2+CN_1N_2\end{cases}\tag{1}$$

式中 A、B、C、D 皆为正数。上述情况是在忽略社会现象的情况下得到的，即假设相克者或被相克者种群本身内部不存在互相吞并的情况。下面我们对(1)式进行一些分析。

方程组(1)式的平衡解为：

$$\begin{cases}N_1=0\\N_2=0\end{cases}\quad\begin{cases}N_1=\dfrac{D}{C}\\N_2=\dfrac{A}{B}\end{cases}\tag{2}$$

另外(1)式还有两组解：

$$\begin{cases}N_1=0\\N_2=N_2(t)\cdot e^{-D(t-t_0)}\end{cases}$$
$$\begin{cases}N_1=N_1(t)\cdot e^{-A(t-t_0)}\\N_2=0\end{cases}\tag{3}$$

当 $N_1\neq0$，$N_2\neq0$ 时，由(1)式可得：

$$\frac{dN_2}{dN_1}=\frac{-DN_2-CN_1N_2}{AN_1-BN_1N_2}$$

即：

$$\frac{(A-BN_2)dN_2}{N_2}=\frac{CN_1-D}{N_1}dN_1$$

积分得：

$$CN_1+BN_2-D\ln N_1-A\ln N_2=k\tag{4}$$

这说明轨线为函数

$$H(N_1, N_2)=CN_1+BN_2-D\ln N_1-A\ln N_2\tag{5}$$

的等位线。且由于在点$(\frac{D}{C}, \frac{A}{B})$有：

$$\frac{\partial H}{\partial N_1}=0,\ \frac{\partial H}{\partial N_2}=0,$$

故 $H(N_1、N_2)$在第一象限内以$(\frac{D}{C}, \frac{B}{A})$为唯一的极小值点，故除去原点和平衡点$(\frac{D}{C}, \frac{B}{A})$外其轨线都是闭曲线，即当 N_1

$(t_0)>0$，$N_2(t_0)>0$ 时的所有解都是周期解，据上述讨论，轨线的方向及轨线的相图如图 10 所示

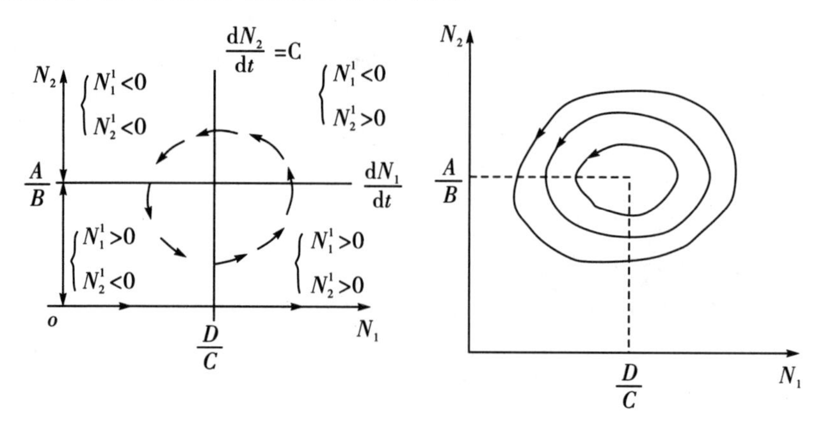

图 10　相克种群生长分析图 1

上述平衡点$(\frac{D}{C},\ \frac{A}{B})$的稳定性问题亦可化为零解的稳定性问题来讨论。为此令：

$$y_1=N_1-\frac{D}{C},\quad y_2=N_2-\frac{A}{B}$$

则方程组(1)变为

$$\begin{cases}\dfrac{dy_1}{dt}=\dfrac{-BD}{C\ y_2}-By_1y_2\\[2ex]\dfrac{dy_2}{dt}=\dfrac{AC}{B\ y_1}+Cy_1y_2\end{cases}$$

其齐次方程组的特征根为：

$$\lambda^2+AD=0$$

由此可知 $a_1=0$，$a_2>0$，故在平面 y_1y_2 平面上零解为中心，即在 N_1ON_2 平面上，平衡解$(\frac{D}{C},\ \frac{A}{B})$为中心，因而在 $N_1>0$，$N_2>0$ 时，点$(\frac{D}{C},\ \frac{A}{B})$周围的轨线为闭轨线，即它为周期解。

其次，可以证明方程组(1)的每一个周期解 $N_1(t)$，$N_2(t)$ 对周期 T 的平均值正好等于平衡解。

事实上：

$$\frac{N_1'}{N_1}=A-BN_2 \tag{6}$$

则：

$$\frac{1}{T}\int_0^T \frac{N_1'}{N_1}\mathrm{d}t=\frac{1}{T}\int_0^T (A-BN_2)\cdot \mathrm{d}t=A-\frac{B}{T}\int_0^T N_2\mathrm{d}t$$

而

$$\frac{1}{T}\int_0^T \frac{N_1'}{N_1}\mathrm{d}t=\frac{1}{T}\ln N_1\Big|_0^T=\frac{1}{T}[\ln N_1(T)-\ln N_1(0)]=0$$

所以：

$$\frac{1}{T}\int_0^T N_2\mathrm{d}t=\frac{A}{B} \tag{7}$$

同理可证：

$$\frac{1}{T}\int_0^T N_1\mathrm{d}t=\frac{D}{C} \tag{8}$$

由上述讨论可以得出如下结论：

1)由平衡解$(\frac{D}{C},\frac{A}{B})$知，如果开始相克者的成员数为$\frac{A}{B}$，被相克的成员数为$\frac{D}{C}$，则永远维持这个状态。

2)由解(3)知，如果开始没有被相克者，则相克者将死尽；如果开始没有相克者，则被相克者会无限增长。

3)由(4)知，若 $N_1(t_0)>0$，$N_2(t)>0$，$N_1(t_0)\neq\frac{D}{C}$，$N_2(t_2)\neq\frac{A}{B}$，则两者的成员数将循环振荡，没有一种会死尽，亦没有一种会无限增长。

4)由(7)与(8)知，若 A、B、C、D 为常数，即增长率为

A，死亡率为 D，N_1 的防御系数为 C 及 N_2 的攻击系数为 B 保持常数，则不论初始密度如何，此 2 种生物的平均数等于平衡解$(\frac{D}{C}, \frac{A}{B})$。

相克方程组模型揭示了相克者与被相克者的一个普遍性质，即振荡的倾向：N_1 多，N_2 则多，而 N_2 多则 N_1 将变少，N_1 的变少又使 N_2 变少，而 N_2 变少又将使 N_1 变多；……，依此循环下去。

方程组(1)是在 N_1 有丰富的营养条件及无社会现象的条件下得到的。但事实上，N_1 为了外界存在有限食物而进行着竞争，而 N_2 为了数目有限的 N_1 亦会进行竞争。这样在现实中观察到相克——被相克系统将不足(1)所揭示的周期性的起伏，而是随着时间的增加趋向于极限的平衡。这样，在方程组(1)中将要增加非线性项的反馈，这就是有社会现象下的种群相克模型：

$$\begin{cases} \frac{\mathrm{d}N_1}{\mathrm{d}t}=N_1(A-BN_2-EN_1) \\ \frac{\mathrm{d}N_2}{\mathrm{d}t}=N_2(CN_1-D-FN_2) \end{cases} \tag{9}$$

其中，A，B，C，D，E，F 均为正常数。

方程组(9)表明，在相平面上存在着 2 条等倾线：

铅直等倾线 L_1：$A-BN_2-EN_1=0$

水平等倾线 L_2：$CN_1-D-FN_2=0$

2 条等倾线将相平面分成几块，在每一块内(N'_1, N'_2)不变符号，下面分 2 种情况来讨论。

①L_1 与 L_2 在第一象限内不相交，2 条等倾线的交点为：

$$\begin{cases} N_1=\dfrac{AF+BD}{EF+BC} \\ N_2=\dfrac{AC-DE}{EF+BC} \end{cases} \tag{10}$$

由(10)知，$N_1>0$，或 L_1 与 L_2 在第一象限内不相交，即 $N_2<0$，即 $AC-DE<0$，即 $A/E<D/C$，此时在第一象限内有 2 个平衡点(0，0)，($\frac{A}{E}$，0)。由齐次方程组的特征方程：

$$\begin{vmatrix} A-\lambda & 0 \\ 0 & -D-\lambda \end{vmatrix}=0 \tag{11}$$

知，$\lambda_1=A>0$，$\lambda_2=-D<0$，故(0，0)是不稳定的，另外，利用坐标平移知($\frac{A}{E}$，0)所对应的特征方程为：

$$(-A-\lambda)(\frac{CA}{E}-D-\lambda)=0 \tag{12}$$

只有当$\frac{A}{E}<\frac{D}{C}$时，才是局部渐近稳定的。

由上述讨论知，当 $t\to\infty$时，N_1 远离 0 而趋于$\frac{A}{E}$，而 $N_2\to 0$。因为在第一象限内除了上述 2 个平衡点外，再无别的平衡点，故无闭轨线(闭轨线要包围平衡点)，当然亦无极限环。

另外，L_1 与 L_2 将相平面第一象限分为 3 块，在 L_1 上：

$\frac{dN_1}{dt}=0$，$\frac{dN_2}{dt}<0$；

在Ⅰ区：$\frac{dN_1}{dt}>0$，$\frac{dN_2}{dt}<0$；

在Ⅱ区：$\frac{dN_1}{dt}<0$，$\frac{dN_2}{dt}<0$；

在 L_2 上：$\frac{dN_1}{dt}<0$，$\frac{dN_2}{dt}=0$；

在Ⅲ区：$\frac{dN_1}{dt}<0$，$\frac{dN_2}{dt}>0$，

相图如图 11 所示。

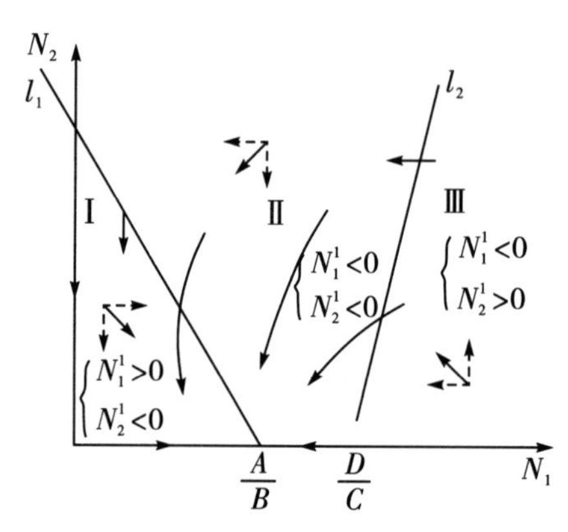

图 11　相克种群生长分析图 2

由上述讨论可知：初始值在 N_2 轴上的轨线趋于原点(0，0)，初始值在 N_1 轴上或 $N_1(t_0)>0$，$N_2(t_2)>0$ 时，轨线都趋于平衡点($\frac{A}{E}$，0)。

即是说，不管开始时相克者或被相克者是多少，将以相克者死光而结局，而只要开始有被相克者，那么其成员稳定于$\frac{A}{E}$。

②l_1与 l_2 在第一象限相交，即$\frac{A}{E}>\frac{D}{C}$平衡点有 3 个(在第一象限)

$$\begin{cases}N_1=0\\N_2=0\end{cases}\quad\begin{cases}N_1=\frac{A}{E}\\N_2=0\end{cases}$$

$$\begin{cases}N_1=\frac{AF+BD}{EF+BC}=N_1^*>0\\N_2=\frac{AC-DE}{EF+BC}=N_2^*>0\end{cases}$$

由(11)及(12)知，(0，0)与($\frac{A}{E}$，0)是不稳定的。令：

$y_1=N_1-N_1^*$，$y_2=N_2-N_2^*$ 则有：

$$\begin{cases}\frac{\mathrm{d}y_1}{\mathrm{d}t}=-N_1^*Ey-N_1^*By_2-Ey^2-By_1y_2 \\ \frac{\mathrm{d}y_2}{\mathrm{d}t}=N_2^*Cy_1-N_2^*Fy_2+Cy_1y_2-Fy_2^2\end{cases} \tag{13}$$

其线性齐次方程的特征方程为：

$$\begin{vmatrix}-N_1^*E-\lambda & -N_1^*B \\ N_2^*C & -H_2^*F-\lambda\end{vmatrix}=0$$

即：

$$\lambda^2+(N_1^*E+N_2^*F)\lambda+N_1^*N_2^*(EF+BC)=0 \tag{14}$$

显然 $a_1=N_1^*E+N_2^*F>0$，$a_2=N_1^*N_2^*(EF+BC)>0$，

又若：

$$a_1^2-4a_2=(N_1^*E+N_2^*F)^2-4N_1^*N_2^*(EF+BC)$$

$$=N_1^*E^2+N_2^{*2}F^2-2N_1^*N_2^*EF-4N_1^*N_2^*BC>0$$

$$N_1^{*2}E^2+N_2^{*2}F^2>2N_1^*N_2^*EF+4N_1^*N_2^*BC$$

由于 $N_1^{*2}E^2+N_2^{*2}F^2\geqslant 2N_1^*N_2^*EF$

故有 $4N_1^*N_2^*BC<0$

这是不可能的，故：

$$a_1^2-4a_2<0$$

因而平衡点(N_1^*，N_2^*)为稳定的焦点，于是在第一象限内(不包括坐标轴)从任何一点出发的解都趋于平衡点(N_1^*，N_2^*)，其轨线如图 12 所示。

上述讨论说明，当$\frac{A}{B}>\frac{D}{C}$时，只有开始时，相克者与被相克者的成员数都不是零，那么它们的成员数将稳定在一个常态，即它们共同存在下去。

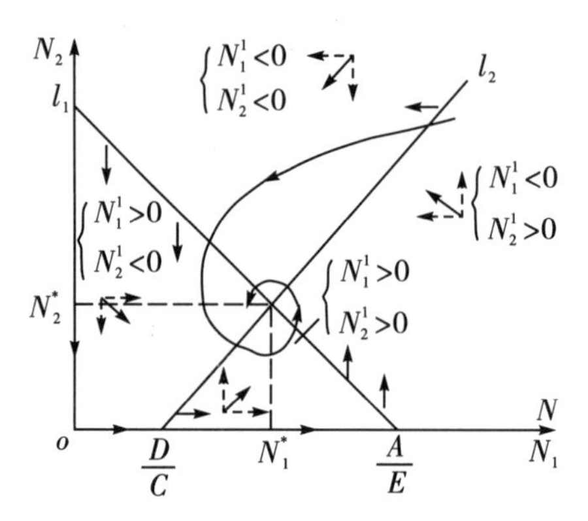

图 12　相克种群生长分析图 3

由前述知，A 是被相克者的增长率，D 是相克者的死亡率，C 是被相克者的防御系数，B 是相克者的攻击系数。故$\frac{D}{C}$是相克者不能维持生命的能力，而$\frac{A}{E}$反映了被相克者的生存能力。故当$\frac{A}{E}<\frac{D}{C}$时，表示相克者不能维持生命的能力大于被相克者生存的能力，故只有相克者全部死亡。反之，即$\frac{A}{E}>\frac{D}{C}$，则它们就可以共存下去。

2. 竞争种群生长的数学模型

我们知道单个种群的阻滞生长方程是：

$$\frac{\mathrm{d}N}{\mathrm{d}t}=aN(\frac{B-N}{B})$$

若空间有限或营养条件有限，又同时存在着 2 个边缘种群，那么这 2 个种群即将出现对空间的竞争或对营养条件的竞争，从而使它们的增长互相受到制约。例如，同一空间上灌木丛与乔木的竞争，现假设 N_1、N_2 分别表示 2 个种群的数量。B_1，B_2 和 a_1，a_2 分别表示 2 个种群的饱和值和理想增长率，则 2 个种群相互竞争的数学模型可表示为：

$$\begin{cases}\dfrac{\mathrm{d}N_1}{\mathrm{d}t}=a_1N_1\left(\dfrac{B_1-N_1-QN_2}{B_1}\right)\\[2ex]\dfrac{\mathrm{d}N_2}{\mathrm{d}t}=a_2N_2\left(\dfrac{B_2-N_2-CN_1}{B_2}\right)\end{cases}\tag{1}$$

其中 b 为 N_2 的存在对 N_1 增长的影响，C 为 N_1 的存在对 N_2 增长的影响。可考虑如下几种情形：

(1)$b=C=0$，说明 2 个种群并无不可调和的利害关系，它们各自占有独立的小生境。

(2)$b=C=1$，表示 2 个种群要求同样的生活环境且非常相似。

(3)$b>C$，表示 N_2 要霸占 N_1 的位置。如 N_2 消耗营养量非常大，或者排泄毒性很大的废物，此时 N_2 就要占据 N_1 的位置。对于 $b<C$ 可作类似讨论。

由上述可知，bN_2 表示 N_2 占有 N_1 位置的成员数，而 CN_1 表示 N_1 占有 N_2 位置的成员数。

下面讨论 $b=C=1$ 的情形，此时方程组为：

$$\begin{cases}\dfrac{\mathrm{d}N_1}{\mathrm{d}t}=a_1N_1\left(\dfrac{B_1-N_1-N_2}{B_1}\right)\\[2ex]\dfrac{\mathrm{d}N_2}{\mathrm{d}t}=a_2N_2\left(\dfrac{B_2-N_2-N_1}{B_2}\right)\end{cases}\tag{2}$$

其平衡点为：

$$\begin{matrix}N_1=0\\N_2=0\end{matrix}\quad\left\{\begin{matrix}N_1=0 & N_1=B_1\\N_2=B_2 & N_2=0\end{matrix}\right\}\tag{3}$$

另外还有特解：

$$\begin{cases}N_1=0\\[2ex]N_2=\dfrac{N_2(0)B_2}{N_2(0)+[B_2-N_2(0)]\mathrm{e}^{-a_2t}}\end{cases}\tag{4}$$

及

$$N_1=\frac{N_1(0)B_1}{N_1(0)+[B_1-N_1(0)]e^{-a_1 t}} \tag{5}$$

其中，$N_1(0)\neq 0$，$N_1(0)\neq B_1$；$N_2(0)\neq 0$，$N_2(0)\neq B_2$。

对于(4)式来讲，当 $0<N_2(0)<B_2$ 时，永远有 $0<N_2(t)<B_2$，且当 $t\to+\infty$时，$N(t)\to B_2$；当 $t\to 0$ 时，$N_2(t)\to 0$，而当 $N_2(0)>B_2$ 时，当 $t\to+\infty$时，$N_2(t)\to B_2$。由此说明，方程组在正 N_2 轴(包括 $N_2=0$)上由 4 段轨线组成，即(0，0)；$N_1=0$，$0<N_2<B_2$；$N_1=0$，$N_2=B_2$；$N_1=0$，$N_2>B_2$。同理可讨论(5)。

对于从第一象限出发的轨线动态 $N_1(0)>0$，$N_2(0)>0$，我们可作如下讨论。设 $B_1>B_2$，则：

铅直等倾线 L_1：$B_1-N_1-N_2=0$

与

水平等倾线 L_2：$B_2-N_1-N_2=0$

把第一象限分为 3 块，其轨线方向如图 13 所示。

从图 13 可看出：

(1)从区域 I 出发的轨线必在某时刻离开 I

这是因为在 I 中，$N'_1>0$，$N'_2>0$，因而它们都单调增加，且 $N_1<K_2$，$N_2<K_2$，如果轨线不离开 I，则 $t\to+\infty$时，N_1，N_2 必有极限，即 $N_1\to\xi$，$N_2\to\eta$ 即有平衡点(ξ，η)，且 $0<\xi<B_2$，$0<\eta<B_2$，由(3)知这是不可能的。

从区域Ⅱ出发的轨线，留在Ⅱ，最终趋于平衡点(B_2，0)。

(3)从区域Ⅱ出发的轨线仍留在Ⅱ，最终趋于平衡点(B_1，0)

这是因为在Ⅱ中，$N'_1>0$，$N'_2<0$，即 N_1 单调递增，N_2 单调减小。若它们离Ⅱ，则在某时刻 t^*，穿过 L_1 或 L_2。若穿过 L_1，则有 $N'(t^*)=0$，此时对第一个方程求导得：

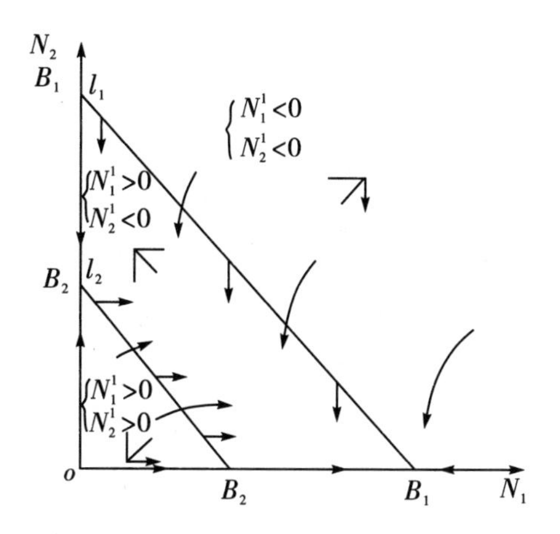

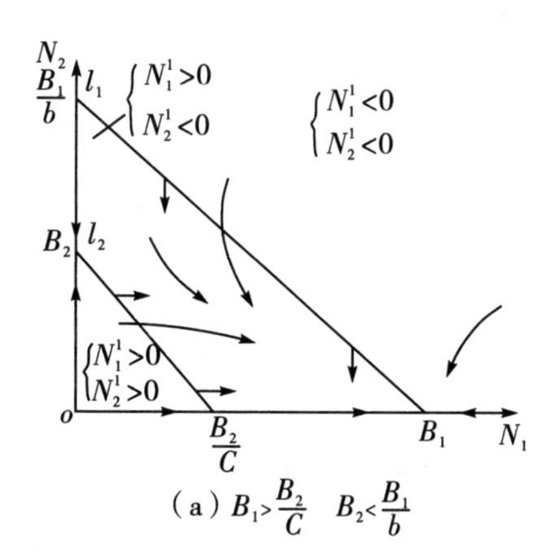

（a）$B_1>\frac{B_2}{C}$　$B_2<\frac{B_1}{b}$

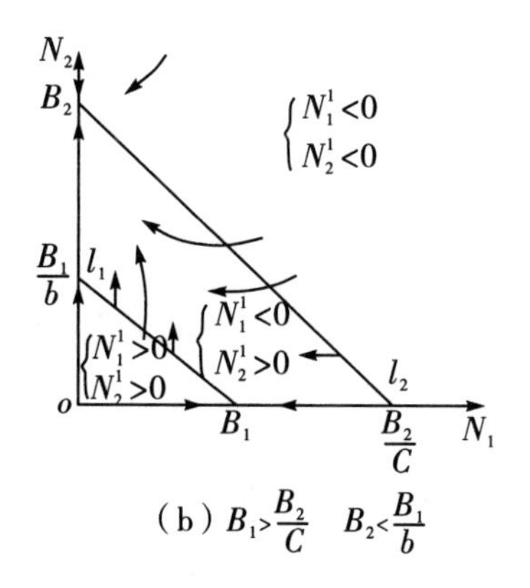

（b）$B_1>\frac{B_2}{C}$　$B_2<\frac{B_1}{b}$

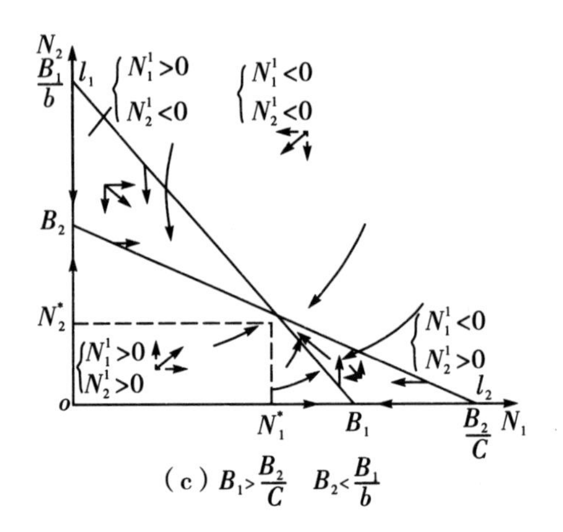

（c）$B_1>\frac{B_2}{C}$　$B_2<\frac{B_1}{b}$

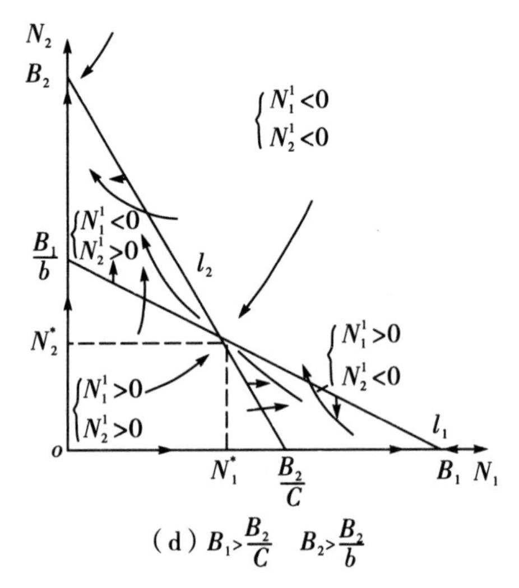

（d）$B_1>\frac{B_2}{C}$　$B_2>\frac{B_2}{b}$

图 13　竞争种群生长分析图 1

$$N''_1(t^*)=\frac{-a_1}{B_1N_1(t^*)N'_2(t^*)}>0$$

故 $N_1(t^*)$为极小值，这与 $N'_1(t)$单调递增相矛盾。同理可证轨线不能穿过 L_2。

又在Ⅱ内 $N_1<B_1$，N_1 单调递增，故 $t\to\infty$时 $N_1\to\xi_1$，而 $N_2>0$，且单调递减，故 $t\to+\infty$时，$N_2\to\eta$。ξ不可能为 0，η

不能为 B_2，故只有 $\xi=B_1$，$\eta=0$，即在Ⅱ内出发的解必然趋向于 $(B_1、0)$。

(3)从区域Ⅲ出发的且一直留在Ⅲ中的轨线必趋于平衡点 $(B_1, 0)$

事实上，在Ⅲ内，$N'_1<0$，$N'_2<0$，故均单调下降，但 $N_1>0$，$N_2>0$，故若轨线一直留在Ⅲ内，则有 $t\to+\infty$ 时，它们必趋于Ⅲ中的唯一的平衡点 $(B_1, 0)$。

另外由 L_1 与 L_2 上出发的轨线必进入Ⅱ内，因而必趋于平衡点 $(B_1, 0)$。轨线若从Ⅲ出发不留在Ⅲ内，必进入Ⅱ，亦必趋于 $(B_1, 0)$。

综合以上所述，有：当 $b=C=1$ 时，若 $B_1>B_2$，满足 $N_1(t_0)>0$ 的一切解都随着时间的增加趋向于 $(B_1, 0)$，即当 $b=C=1$ 时，生活环境所能维持的 N_1 的数目 B_1 比 N_2 的数目 B_2 多，则 N_2 终得绝灭。这就是所谓的竞争排斥原理。

用上述类似的方法可讨论 $b\neq1$，$C\neq1$ 的任何情况，此时除了平衡点 $(0, 0)$，$(0, B_2)$，$(B_1, 0)$ 外，尚有：

$$\begin{cases} N_1^* = \dfrac{B_1-bB_2}{1-bC} \\ N_2^* = \dfrac{B_2-CB_1}{1-bC} \end{cases} \tag{6}$$

而铅直等倾线 L_1：$B_1-N_1-bN_2=0$ 分别交 N_1、N_2 轴于 $(B_1, 0)$ 和 $(0, \dfrac{B_1}{b})$。水平等倾线 L_2：$B_2-N_2-CN_1=0$ 分别交 N_1、N_2 轴于 $(\dfrac{B_2}{C}, 0)$ 和 $(0, B_2)$。那么在第一象限可分 4 种情况讨论。其轨线方向如图 14 所示。

由图 14 可得出如下结论：

(1)当 $B_1>\dfrac{B_2}{C}$，$B_2<\dfrac{B_1}{b}$ 时，当 $t\to+\infty$ 时，满足 $N_1(t_0)>0$ 的一切解 $[N_1(t), N_2(t)]\to(B_1, 0)$，即 N_2 绝灭。

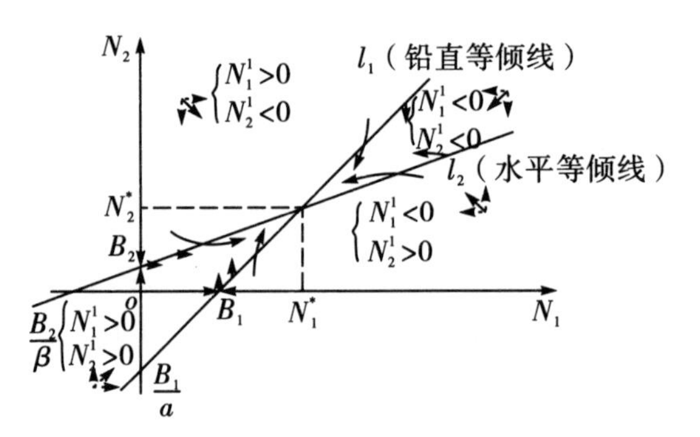

图 14　竞争种群生长分析图 2

(2)当 $B_1<\dfrac{B_2}{C}$，$B_2<\dfrac{B_1}{b}$时，当 $t\to+\infty$时，满足 $N_2(t_0)>0$ 的一切解$[N_1(t)，N_2(t)]\to(0，B_2)$，即 N_1 绝灭。

(3)当 $B_1<\dfrac{B_2}{C}$，$B_2<\dfrac{B_1}{b}$时，当 $t\to+\infty$时，满足 $N_1(t_0)>0$，$N_2(t_0)>0$ 的一切解$[N_1(t)，N_2(t)]\to(N_1^*，N_2^*)$，即 2 种群共存。

(4)当 $B_1>\dfrac{B_2}{C}$，$B_2>\dfrac{B_1}{b}$时，这时$(0，0)$，$(N_1^*，N_2^*)$是不稳定的，而$(B_1，0)$，$(0，B_2)$是渐近稳定的。两者都有可能取胜对方。到底是哪一个种群取胜，取决于内在的参数及初始种群的大小。

3. 共生种群生长的数学模型

2 个种群的互惠共生关系是指每一个种群对另一个种群的增长有加速的作用。如植物与传花粉者及植物与种子传播者的关系等。这里仅提供 2 种模型进行讨论。

(1)May 共生模型(1976)

$$\begin{cases}\dfrac{dN_1}{dt}=aN_1(1-\dfrac{N_1}{B_1+\alpha N_2})\\[2ex]\dfrac{dN_2}{dt}=aN_2(1-\dfrac{N_2}{B_2+\beta N_1})\end{cases}\tag{1}$$

其中，N_1，N_2，B_1，B_2；a 分别表示第 1 种与第 2 种的种群数量、饱和量、增长率。α、β 均大于 0。

方程(1)式表明，每一种群如不存在对方的话，其生长均遵循逻辑斯谛生长。如果存在对方，其饱和量将与对方呈线性增加。下面讨论当 α，β 满足什么条件时，(1)式将有一个稳定的平衡状态，且由于互惠关系将使 1 个或 2 个平衡种群增大。令：

$$\begin{cases} B_1 + \alpha N_2 - N_1 = 0 \quad (L_1) \\ B_2 + \beta N_1 - N_2 = 0 \quad (L_2) \end{cases} \tag{2}$$

则其交点为：

$$N_1^* = \frac{B_1 + \alpha\beta_2}{1 - \alpha\beta} \tag{3}$$

$$N_2^* = \frac{K_2 - \beta B_1}{1 - \alpha\beta} \tag{4}$$

显然当 $\alpha\beta < 1$ 时，(N_1^*，N_2^*)位于第一象限。此时有平衡解：

$$\begin{cases} N_1^* = B_1 + \alpha N_2^* = B_1 + \dfrac{\alpha(K_2 + \beta B_1)}{1 - \alpha\beta} > B_1 \\ N_2^* = B_2 + \beta N_1^* = B_2 + \dfrac{\beta(B + \alpha B_2)}{1 - \alpha\beta} > B_2 \end{cases} \tag{5}$$

即由于互惠共生关系使平衡种群变得更大了。其轨线走向如图 14 所示。

方程(1)式其他 3 个平衡点(0，0)，(B_1，0)，(0，B_2)都是不稳定的。

(2)chnistiansen 共生数学模型(1997)

$$\begin{cases} \dfrac{dN_1}{dt} = a_1 N_1 (1 - \dfrac{N_1 - \alpha N_2}{B_1}) \\ \dfrac{dN_2}{dt} = a_2 N_2 (1 - \dfrac{N_2 - \beta N_1}{B_2}) \end{cases} \tag{6}$$

其中各参数均大于0。

上面(6)式与(1)式虽然形式不同，但结果一样，即当$\alpha\beta<1$时，则(6)式存在正的平衡解：

$$\begin{cases} N_1^* = \dfrac{B_1 + \alpha B_2}{1-\alpha\beta} \\ N_2^* = \dfrac{B_2 + \beta B_1}{1-\alpha\beta} \end{cases} \tag{7}$$

其轨线走向与图14相同。

4. 2个种群相互作用的一般数学模型讨论

上面我们研究并提出了相克种群生长的数学模型、竞争种群生长的数学模型和共生种群生长的数学模型。为了概括上述情况，我们把竞争的2个种群分别记为x和y。下面我们来讨论2个种群互相作用的一般数学模型。

假设竞争着的2个种群在时刻t的密度分别为x和y。显然，如果它们都是单独生存的话，那么它们都要分别符合生物单种群的一般数学模型$\frac{\mathrm{d}y}{\mathrm{d}t}=yF(y)$的规律增长。但是现在每一种群的增长都要受到另一种群的影响，也就是说，x种群除了按自己的规律增长外，还要受到y种群的作用，设其作用函数为$g_1(y)$。另一方面x也对y的增长产生作用，设其作用函数为$f_2(x)$。这样，我们可以把2种群互相作用的一般数学模型粗略地写为：

$$\begin{cases} \dfrac{1}{x}\cdot\dfrac{\mathrm{d}x}{\mathrm{d}t} = r_1 - f_1(x) - g_1(y) \\ \dfrac{1}{y}\cdot\dfrac{\mathrm{d}y}{\mathrm{d}t} = r_2 - g_2(y) - f_2(x) \end{cases} \tag{1}$$

对于非常简单的种群(如酵母、细胞等)，可以用简单的比例来代替(1)式中的非线性函数，记K_1和K_2分别为单独1种

群 x 和 y 的负载容量，则(1)式可写成：

$$\begin{cases}\dfrac{1}{x}\cdot\dfrac{\mathrm{d}x}{\mathrm{d}t}=r_1\dfrac{K_1-x-\alpha y}{K_1}\\[2ex]\dfrac{1}{y}\cdot\dfrac{\mathrm{d}y}{\mathrm{d}t}=r_2\dfrac{K_2-y-\beta x}{K_2}\end{cases}\tag{2}$$

这里 α，β 称为竞争系数。用图解的方法来分析方程，可以得到上述竞争结果的理论解释。用我们所熟悉的方法(方向场分析)，因为直线 $L_1(K_1-x-\alpha y=0)$ 和直线 $L_2(K_2-y-\beta x=0)$ 的 4 种不同的相对位置，由方程(2)可作出以下 4 种图形，如图 15 所示。利用方程：

$$\begin{cases}\dfrac{1}{x}\cdot\dfrac{\mathrm{d}x}{\mathrm{d}t}=\alpha-\beta y\\[2ex]\dfrac{1}{y}\cdot\dfrac{\mathrm{d}y}{\mathrm{d}t}=\delta x-r\end{cases}\quad \alpha,\ \beta,\ r,\ \delta>0\tag{3}$$

可以来解释海港捕鱼量中大鱼和小鱼所占的比例周期性变化的现象。因为如果我们把(3)式写成方程：

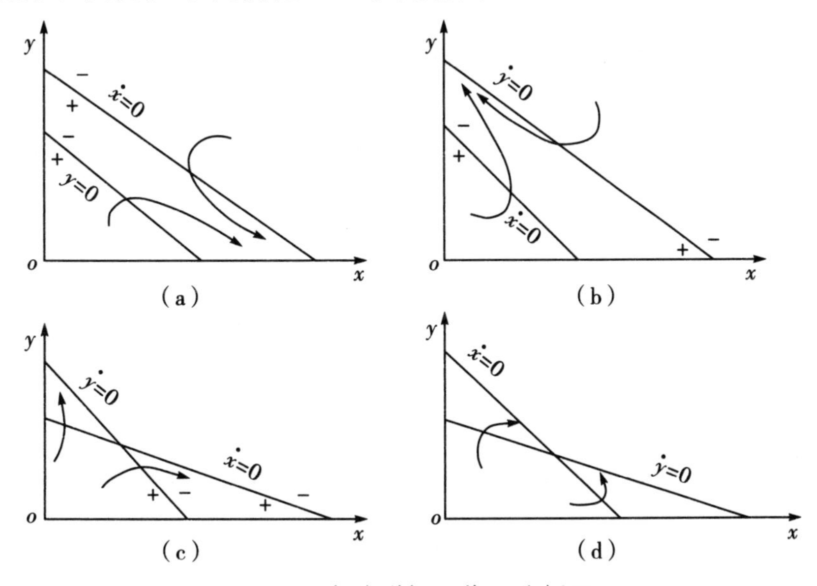

图 15　2 个种群相互作用分析图 1

$$\frac{\mathrm{d}y}{\mathrm{d}x}=\frac{y(-r+\delta x)}{x(\alpha-\beta y)}$$

或
$$\frac{\alpha-\beta y}{y}\mathrm{d}y=\frac{-r+\delta x}{x}\mathrm{d}x$$

则经过任意初始点(x_0，y_0)($x_0>0$，$y_0>0$)的解即可写成

$$\alpha\ln(\frac{y}{y_0})-\beta(y-y_0)=-r\ln(\frac{x}{x_0})+\delta(x-x_0),$$

$$\delta[x-x_0-\frac{r}{\delta}\ln(\frac{x}{x_0})]+\beta(y-y_0-\frac{\alpha}{\beta})\ln(\frac{y}{y_0})=0$$

图形如图 16 所示。

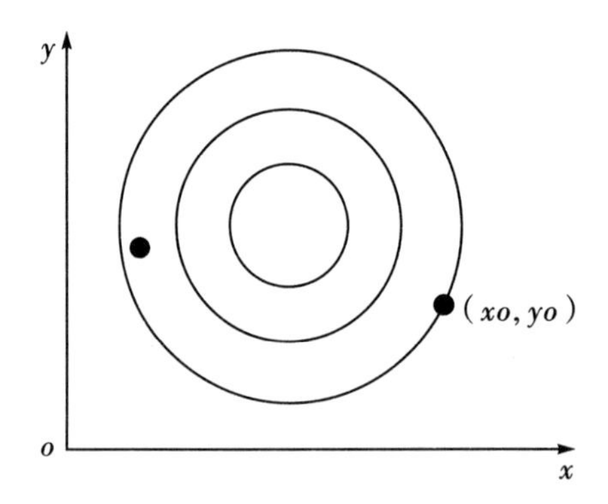

图 16　2 个种群相互作用分析图 2

由于，Volterra 认为描述捕食者与被捕食者之间竞争的模型为：

$$\begin{cases}\frac{1}{x}\cdot\frac{\mathrm{d}x}{\mathrm{d}t}=a-bx-cy\\ \frac{1}{y}\cdot\frac{\mathrm{d}y}{\mathrm{d}t}=-c+c'x\end{cases}\tag{4}$$

所以，后人称此方程为 Volterra 方程。

有人研究果蝇属时，发现对伪酱油蝇和锯形果蝇的培养数据表时$\frac{\mathrm{d}x}{\mathrm{d}t}=0$ 和$\frac{dy}{\mathrm{d}t}=0$ 的曲线图形不是图 17 中的(a)，而是形

如图 17 中的(b)。因而两种群互相作用的模型为：

$$\begin{cases} \dfrac{1}{x} \cdot \dfrac{\mathrm{d}x}{\mathrm{d}t} = a - bx - cy - kxy \\ \dfrac{1}{y} \cdot \dfrac{\mathrm{d}y}{\mathrm{d}t} = e - fx - gy - lxy \end{cases} \tag{5}$$

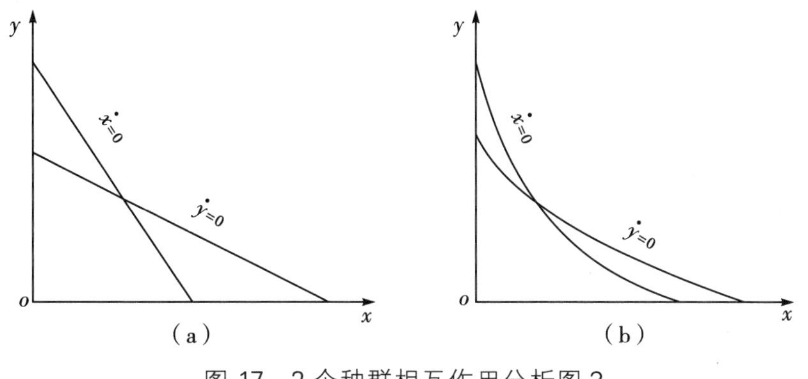

图 17　2 个种群相互作用分析图 3

更一般的形式被人们称为 Rosenzweig-Macarthur 模型(1969)，即：

$$\begin{cases} \dfrac{\mathrm{d}x}{\mathrm{d}t} = f(x) - \Phi(x,\ y) \\ \dfrac{\mathrm{d}y}{\mathrm{d}t} = -ey + k\Phi(x,\ y) \end{cases} \tag{6}$$

其中 $f(x)$为被捕食的种群的增长率，$\Phi(x,\ y)$为捕食率。如果假定每一个体捕食者捕食被捕食者的速率只取决于食饵的密度，而不取决于捕食者本身的密度，则方程(6)为：

$$\begin{cases} \dfrac{\mathrm{d}x}{\mathrm{d}t} = f(x) - y\Phi(x) \\ \dfrac{\mathrm{d}y}{\mathrm{d}t} = -ey + ky\Phi(x) \end{cases} \tag{7}$$

2 个种群在一个共同的自然环境中生存，它们之间的相互作用，只有以下 4 种情况：

(1)捕食者与被捕食者(食饵)。

(2)寄生物与寄主。

(3)2 个种群相互竞争。

(4)2 个种群互惠共存。

例如 2 个种群相互作用的最简单的模型(2)，我们可写成

$$\begin{cases}\dfrac{dx}{dt}=x(a_{10}+a_{11}x+a_{12}y)\\ \dfrac{dy}{dt}=y(a_{20}+a_{21}x+a_{22}y)\end{cases}\tag{2$'$}$$

我们称模型(2)′为 2 种群相互作用的 Volterra 型模型，其中 x 表示种群 X 的密度，y 表示种群 Y 的密度。于是有：

(1)当 $a_{12}<0$，$a_{21}>0$ 时，说明 X 为被捕食者(或寄主)，而 Y 为捕食者(或寄生物)。

(2)当 $a_{12}<0$ 且 $a_{21}<0$ 时，说明 X 种群和 Y 种群是相互竞争的关系。

(3)当 $a_{12}>0$ 且 a_{21}时，说明 X 种群和 Y 种群是互惠共存的关系。

(4)一般假定 $a_{11}\leqslant 0$，$a_{22}\leqslant 0$。若 $a_{11}<0(a_{22}<0)$，则说明 X 种群(Y 种群)是密度制约的；若 $a_{11}=0(a_{22}=0)$，则说明 X 种群(Y 种群)是非密度制约的。

(5)$a_{10}(a_{20})$表示 X 种群(Y 种群)的生长率(出生率减去死亡率)。若把 X 种群和 Y 种群看成是一个系统，则 $a_{10}>0$ $(a_{20}>0)$表示 X 种群(Y 种群)可以依靠此系统之外的食物为生，而 $a_{10}<0(a_{20}<0)$则表示 X 种群(Y 种群)不能完全依靠此系统之外的食物为生。也就是说，X 种群(Y 种群)必以 Y 种群(X 种群)为食才能得到生存。

我们以捕食与被捕食关系为例，来看方程(2)′中右端各项

所代表的生态意义，这里 $a_{11} \leqslant 0$，$a_{22} \leqslant 0$。若 X 为食饵，Y 为捕食者，则有 $a_{12} < 0$，$a_{21} > 0$。方程(2)′可改写为：

$$\begin{cases} \dfrac{dx}{dt} = x(a_{10} - \overline{a}_{11}x - \overline{a}_{12}y) \\ \dfrac{dy}{dt} = y(a_{20} + \overline{a}_{21}x - \overline{a}_{22}y) \end{cases}$$

这里参数 $\overline{a}_{11}$，$\overline{a}_{12}$，$\overline{a}_{21}$ 和 $\overline{a}_{22}$ 均为非负数。还可以把上述方程组写成：

$$\begin{cases} \dfrac{dx}{dt} = x(a_{10} - \overline{a}_{11}x) - \overline{a}_{12}xy \\ \dfrac{dy}{dt} = y(a_{20} + k\overline{a}_{12}x - \overline{a}_{22}y) \end{cases} \quad k = \frac{\overline{a}_{21}}{\overline{a}_{12}} \qquad (2)''$$

从(2)″式容易看出 $\overline{a}_{12}xy$ 这项的生态意义，它是代表单位时间内 X 种群的个数 x 减少的数目，换句话说就是在单位时间内 X 种群被 Y 种群吃掉的个数。而这瞬时 Y 种群的个数是 y，因此 $\overline{a}_{12}x$ 表示每一个捕食者在单位时间内吃掉 X 种群的个数，在生态学中则称之为 Y 种群的捕食率，即捕食者捕食食饵的能力，记为 $\Phi(x)$，显然，捕食者捕食饵的速度应该与食饵的密度有关。在方程(2)″中这种关系被简单地看成是正比例关系，即：

$$\Phi(x) = \overline{a}_{12}x$$

$\Phi(x)$是用以描述捕食者捕食能力大小的，又被称为这个捕食者的功能性反应函数。方程组(2)″中的 $\Phi(x) = \overline{a}_{12}x$ 的图像为图 18 中的 I_0，但这不符合实际情况。容易看出，当$x \to \infty$时有 $\Phi(x) \to \infty$，也就是说，当食饵无限增加时，每个捕食者在单位时间内所吃掉的食饵也无限增加。换句话说就是这个捕食者的“食量”是无限大的，它永远没有吃饱的时候，这当然不符合实际情况，在实际中每种捕食者应有一个饱和状态，即

$\Phi(x)$的图象不应该是图 18 中的 I_0，而应该是 I，当然，严格地说它也不应该是直线段而应该是曲线 $\Phi(x)$。在方程(2)″中的项 $x(a_{10}-\overline{a}x)$为食饵种群 X 的增长率，这里把它看成是受线性密度制约的。若考虑非线性密度制约，则应写成 $f(x)$。再设 $a_{22}=0$，$a_{20}<0$，则方程(2)″变成(7)式。更精确地说捕食者的捕食效率不仅受到食饵的密度大小的影响，而且受捕食者本身的密度的影响。因此 Rosenzweig—Macarthur 把捕食率写成是 $\Phi(x, y)$，这样即得到方程(6)。

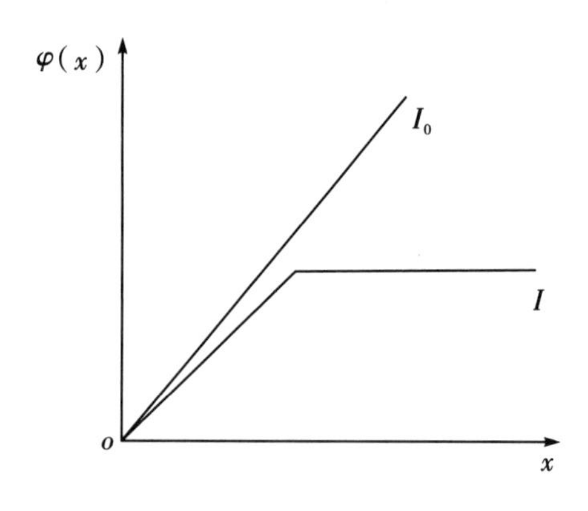

图 18　2 个种群相互作用分析图 4

在前面所说的情况(1)中捕食者以食饵为食，例如大鱼吃小鱼，老虎吃兔子；而情况(2)是寄生物寄生在寄主身上、周围或里面，依靠寄主来完成发育的，虽然它与捕食者一样是以寄主为食，但两者是不同的。这两种作用的数学模型将要用不同的非线性函数来描述。影响这些非线性函数的因素很多，例如种群密度分布是否均匀的假定，也可以引进随机分布，这样出现了随机微分方程，这里，我们对此暂不考虑。我们要研究的是捕食者猎取食饵的能力大小对模型的影响。如果它们是寄生物，那么这个影响取决于雌性寄生物搜寻寄主的能力。当然这种能力还与寄主(或食饵)的密度有关。有人提出若密度为 x，则功能性反应曲线 $\Phi(x)$将有 3 种可能，如图 19 所示。

例如考虑Ⅱ类功能性反应曲线，其表达式为：

$$\Phi(x)=\frac{a'x}{1+b'x} \tag{8}$$

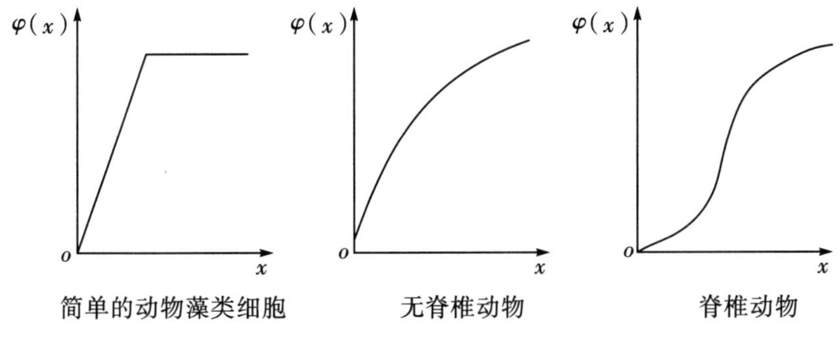

图 19　2 个种群相互作用分析图 5

这时，如果取 $f(x)=ax-bx^2$，则模型为：

$$\begin{cases}\dfrac{\mathrm{d}x}{\mathrm{d}t}=ax-bx^2-\dfrac{a'xy}{1+b'x}\\\dfrac{\mathrm{d}y}{\mathrm{d}t}=-ey+\dfrac{ka'xy}{1+b'x}\end{cases}\tag{9}$$

又如考虑Ⅲ类功能性反应，取

$$\Phi(x)=\frac{x^2}{1+rx^2}\tag{10}$$

则与(9)式类似地有：

$$\begin{cases}\dfrac{\mathrm{d}x}{\mathrm{d}t}=ax-bx^2-\dfrac{a'x^2y}{1+rx^2}\\\dfrac{\mathrm{d}y}{\mathrm{d}t}=-ey+\dfrac{ka'x^2y}{1+rx^2}\end{cases}\tag{11}$$

前面已经讲到影响模型的非线性因素有：

(1)2 个种群本身的密度制约。例如前面模型(6)和(7)中的函数 $f(x)$。

(2)寄生物(或捕食者)的功能性反应。

但实际上一般说来还存在第 3 种因素：

(3)相互干扰。

有人研究圆柄姬蜂攻击它们的寄主粉斑螟(一种面粉蛾)时

的行为特征，发现当2个搜寻的寄生物相遇时，其中之一或这2个都具有离开该相遇地方的趋势，因此寄生物本身在搜寻寄主时相互间有干扰(破坏它们的搜寻效率)。显然这个干扰必随寄生物密度的增加而增加，因此有人提出考虑这种干扰与寄生物密度之间关系的数学模型，并引进干扰常数 m 的概念。此后又提出一个既考虑到密度制约、功能性反应，又考虑到相互干扰时捕食者与食饵(或寄生物与寄主)之间竞争的一般数学模型：

$$\begin{cases}\frac{\mathrm{d}x}{\mathrm{d}t}=xg(x)-y^{m}p(x)\\ \frac{\mathrm{d}y}{\mathrm{d}t}=y[-S+Cy^{m-1}p(x)-q(x)]\end{cases} \tag{12}$$

其中 $g(x)$ 为食饵种群增长率(当没有捕食者存在的时候)，m $(0<m\leqslant1)$ 为干扰常数，$p(x)$ 为捕食者的功能性反应，$s+q(x)$ 为捕食者种群的死亡率，c 为生物种群的变换系数，K 为环境对食饵种群的容纳量。一般地，假设 $g(x)$，$p(x)$ 和 $q(y)$ 具有下列性质：

(1) $g(0)=a>0$，$g'_{x}(x)\leqslant0$，$g(K)=0$ 时某个 $K>0$；

(2) $p(0)=0$，$p'_{x}(x)>0$；

(3) $q(0)=0$，$q'_{x}(y)\geqslant0$。

我们可以把(12)式写成更一般的形式：

$$\begin{cases}\frac{\mathrm{d}x}{\mathrm{d}t}=rx(1-\frac{x}{k})-yF(x,\ y)\\ \frac{\mathrm{d}y}{\mathrm{d}t}=yG(x,\ y)\end{cases} \tag{13}$$

这里函数 $F(x,\ y)$ 和 $G(x,\ y)$ 分别由表3所列。

表 3　函数 $F(x, y)$ 和 $G(x, y)$ 公式表

	公式	附注
F	(1)ax	非饱和的 Lotka-Volterra
	(2)k	袭击率为常数
	(3)$kx/(x+b)$	Holling Ⅱ型　Holling
	(4)$k[1-\exp(1-cx)]$	Holling Ⅱ型　Watt
	(5)$k[1-\exp(-cxy^{1-b})]$	Holling Ⅱ型　Lvlev
	(6)$kx^2/(x^2+b^2)$	Holling Ⅲ型　Watt
	(7)$k[1-\exp(-cx^2y^{1-b})]$	Holling Ⅲ型　Watt
G	(8)$-b+\beta x$	Lotka-Volterra
	(9)$-b+\beta F(x, y)$	$F(x, y)$ 和 $G(x, y)$ 线性相关 *Gaughley* 的无干扰情况 $F=F(x)$
	(10)$s(1-\frac{ry}{x})$	Logistic 具有与 x 成比例的容纳量

由 $F(x, y)$ 和 $G(x, y)$ 的各种搭配，就可以得到以前人们所提出的一系列数学模型。例如把(1)与(10)搭配得到有名的Leslie方程(1948)：

$$\begin{cases} \frac{\mathrm{d}x}{\mathrm{d}t}=ax-bx^2-cxy \\ \frac{\mathrm{d}y}{\mathrm{d}t}=ey-\frac{fy^2}{x} \end{cases} \tag{14}$$

也有人把 Leslie 方程写成更一般的形式

$$\begin{cases} \frac{\mathrm{d}x}{\mathrm{d}t}=g(x)-f(x)y \\ \frac{\mathrm{d}y}{\mathrm{d}t}=r[1-\frac{y}{K(x)}]y \end{cases} \tag{15}$$

这里 $K(x)$ 为当食饵密度为 x 时捕食者的容纳量(负载容量)。或写成更一般的形式：

$$\begin{cases}\dfrac{\mathrm{d}x}{\mathrm{d}t}=g(x)-f(x)b(y)\\[2ex]\dfrac{\mathrm{d}y}{\mathrm{d}t}=n(x)a(y)+c(y)\end{cases}\tag{16}$$

此方程的各种特殊情况有：

$$\begin{cases}\dfrac{\mathrm{d}x}{\mathrm{d}t}=g(x)-axy\\[2ex]\dfrac{\mathrm{d}y}{\mathrm{d}t}=-ry+\beta xy\end{cases}\qquad ①$$

$$\begin{cases}\dfrac{\mathrm{d}x}{\mathrm{d}t}=ax-yf(x)\\[2ex]\dfrac{\mathrm{d}y}{\mathrm{d}t}=-ry+\beta xy\end{cases}\qquad ②$$

$$\begin{cases}\dfrac{\mathrm{d}x}{\mathrm{d}t}=ax-\beta xy\\[2ex]\dfrac{\mathrm{d}y}{\mathrm{d}t}=-ry+n(x)y\end{cases}\qquad ③$$

$$\begin{cases}\dfrac{\mathrm{d}x}{\mathrm{d}t}=ax-yf(x)\\[2ex]\dfrac{\mathrm{d}y}{\mathrm{d}t}=-ry+yf(x)\end{cases}\qquad ④$$

$$\begin{cases}\dfrac{\mathrm{d}x}{\mathrm{d}t}=g(x)-axy\\[2ex]\dfrac{\mathrm{d}y}{\mathrm{d}t}=c(y)+\beta xy\end{cases}\qquad ⑤$$

$$\begin{cases}\dfrac{\mathrm{d}x}{\mathrm{d}t}=g(x)-yf(x)\\[2ex]\dfrac{\mathrm{d}y}{\mathrm{d}t}=-r(y)+kyfx\end{cases}\qquad ⑥$$

$$\begin{cases}\dfrac{dx}{dt}=x[r_1-yf(x)] \\ \dfrac{dy}{dt}=y[-r_2+yf_2(x)]\end{cases} \quad ⑦$$

由于生物现象的复杂性，描述这些现象的数学模型也是花样繁多的，生态学家由于研究对象的不同提出了许许多多的具体模型，远不是表 3 中所能概括的。例如：

有人研究相互竞争的 2 个种群模型是：

$$\begin{cases}\dfrac{dx}{dt}=r_1x[1-(\dfrac{x}{k_1})^{\theta_1}-\alpha_{12}(\dfrac{y}{k_1})] \\ \dfrac{dy}{dt}=r_2y[1-\alpha_{21}(\dfrac{x}{k_2})-(\dfrac{y}{k_2})^{\theta_2}]\end{cases} \quad (17)$$

这里 r_1，r_2，θ_1，θ_2，a_{12}和 a_{21}是正常数。

也有人研究相互竞争的 2 种群模型是：

$$\begin{cases}\dfrac{dx}{dt}=r_1x(\dfrac{I_1}{x+e_1}-r_{11}x-r_{12}y-C_1) \\ \dfrac{dy}{dt}=r_2y(\dfrac{I_2}{y+e_2}-r_{21}x-r_{22}y-C_2)\end{cases} \quad (18)$$

这里 r_i，I_i，e_i，c_i，$r_{ij}(i，j=1，2)$均为正常数。

还有人研究互惠共存的 2 种群 X 和 Y 相互作用模型是：

$$\begin{cases}\dfrac{dx}{dt}=r_1x(1-\dfrac{x}{k_1+\alpha_1y}) \\ \dfrac{dy}{dt}=r_2y(1-\dfrac{y}{k_2+\alpha_2x})\end{cases} \quad (19)$$

这里我们考虑 2 种群模型都是线性密度制约的情况。如果没有 Y 种群存在，则 X 种群的增长模型为：

$$\frac{dx}{dt}=r_1x(1-\frac{x}{K_1})$$

K_1 为常数。但是现在有 Y 种群存在，而且 Y 种群的存在有利

于 X 种群的增长。也就是说，Y 种群的存在会使 X 种群的容纳量增大，如果我们假设这时的容纳量为 K_1+a_1y，那么 X 种群的增长由方程：

$$\frac{dx}{dt}=r_1x(1-\frac{x}{aK_1+\alpha_1y})$$

来描述。用同样的方法考虑 Y 种群的增长模型即得模型(19)。

还可把互惠共存的 2 种群模型写成：

$$\begin{cases}\dfrac{dx}{dt}=r_1x(1-\dfrac{x}{k_1+\alpha_1y}-\sum_1x)\\ \dfrac{dy}{dt}=r_2y(1-\dfrac{y}{k_2+\alpha_2x}-\sum_2y)\end{cases}\quad(19)'$$

这里 r_i，k_i，a_i，$\sum_i(i=1, 2)$均为正数。

如果考虑 2 个互惠共存的种群之间的相互影响不是线性关系，即 X 种群的容纳量为 $K_1+f_1(y)$，Y 种群的容纳量为 $K_2+f_2(x)$，这时模型为：

$$\begin{cases}\dfrac{dx}{dt}=r_1x[1-\dfrac{x}{k_1+f_1(y)}]\\ \dfrac{dy}{dt}=r_2y[1-\dfrac{y}{k_2+f_2(x)}]\end{cases}\quad(20)$$

这里 $f_1(0)=f_2(0)=0$，$f'_1(y)\geqslant0$，$f'_2(x)\geqslant0$，r_i，$K_i(i=1, 2)$均为正数。

另外，还有研究模型是：

$$\begin{cases}\dfrac{dx}{dt}=xg(x)-yp(x)\\ \dfrac{dy}{dt}=y[-q(x)+cp(x)]\end{cases}\quad(21)$$

最为一般的模型称为 Kolmogorov 模型：

$$\begin{cases}\dfrac{\mathrm{d}x}{\mathrm{d}t}=xF_1(x,\ y)\\ \dfrac{\mathrm{d}y}{\mathrm{d}t}=yF_2(x,\ y)\end{cases}\tag{22}$$

5. 3 个种群相互作用的一般数学模型讨论

3 个种群相互作用显然要比 2 个种群的相互作用复杂，但是构造数学模型的规律基本相同。在 3 个种群中，每 2 个种群之间的关系，都可以有上面研究 2 个种群相互作用时说到的 4 种关系：捕食-被捕食，寄生物-寄主，互相竞争以及互惠共存。因此由 3 个种群的两两关系不同的各种组合，就产生了种类繁多的数学模型。3 个种群的每一种关系对应地就有一个数学模型。为了叙述方便，我们用图形的方法来表示 3 个种群之间的关系。3 个种群分别记为 A，B，C，为了描述它们之间的关系，我们作下列约定：

(1)种群 A 供食于种群 C；

(2)种群 A 为密度制约；

(3)种群 A 主要不依靠吃本系统(即 A，B，C 3 种群所构成的系统)生存；

(4)种群 A 与种群 B 相互竞争；

(5)种群 A 与种群 B 互惠共存。

现就一种特殊情况为例：假如 3 个种群之间的关系是捕食与被捕食关系。设 3 个种群分别记为 A，B，C，则 3 者之间的关系有 3 种：

(1)2 个食饵种群 1 个捕食者种群。如，A，B 为食饵，C 为捕食者。

(2)1 个食饵种群，2 个捕食者种群。如，B，C 为捕食者，A 为食饵。

(3)一个捕食另一个的捕食链。例如 A 是 B 的捕食者，而 B 又是 C 的捕食者。

下面我们来讨论这 3 种情况的数学模型。首先我们考虑最简单的情况，即食饵种群增长是线性密度制约关系，并且假定 2 个种群间的影响都是线性的，这类模型我们称之为 2 个种群相互作用的 Volterra 型模型。则可分为各种情况，由种群之间的关系，对应地写出其数学模型。

第一种 Volterra 型模型

(1)2 个食饵种群(A，B)，1 个捕食者种群(C)。设 A 和 B 的密度分别为 x_1 和 x_2，C 的密度为 x_3，而且 C 种群主要依靠吃 A 和 B 为生，也就是说当 A 和 B 不存在时，C 就要逐渐死亡。又设 C 种群不是密度制约的。对于种群 B 和 A，我们假设它们不是依靠本系统(即 A，B，C 3 个种群所组成的系统)为生的，而是可以把无限的自然资源转换到这个系统中来的，假设 A 或 B 都是本身密度制约，A 种群和 B 种群是相互竞争自然资源的。那么，它们之间的关系数学模型为：

$$\begin{cases} \dfrac{\mathrm{d}x_1}{\mathrm{d}t}=x_1(a_{10}-a_{11}x_1-a_{12}x_2-a_{13}x_3) \\ \dfrac{\mathrm{d}x_2}{\mathrm{d}t}=x_2(a_{20}-a_{21}x_1-a_{22}x_2-a_{23}x_3) \\ \dfrac{\mathrm{d}x_3}{\mathrm{d}t}=x_3(-a_{30}+a_{31}x_1+a_{32}x_2) \end{cases} \tag{1}$$

这里我们假定所有的 $a_{ij}(i, j=1, 2, 3)$都是正的。从第 1 个方程来看，由于 $a_{10}>0$，因此说明 A 种群不依靠吃本系统为生(当 $x_2=x_3=0$，而 x_1 很小时，x_1 仍然可以增长)；由于 $a_{11}>0$，因此表示 A 种群是密度制约的(密度 x_1 越大，则相对增长率$\dfrac{1}{x_1}\cdot\dfrac{\mathrm{d}x_1}{\mathrm{d}t}$越小)；由于 $a_{12}>0$，因此说明 A 种群与 B 种群是

相互竞争的（当 x_2 越大时，A 种群的密度相对增长率 $\frac{1}{x_1}\cdot\frac{\mathrm{d}x_1}{\mathrm{d}t}$ 越小，并注意到 $a_{21}>0$，也就是说 x_1 越大越约束 x_2 的相对增长率）；由于 $a_{13}>0$，因此说明 C 种群是 A 种群的捕食者，因为当 x_3 越大时，A 种群的密度相对增长率 $\frac{1}{x_1}\cdot\frac{\mathrm{d}x_1}{\mathrm{d}t}$ 越小，并且注意到 $a_{31}>0$，说明 x_1 越大越是有利于 x_3 的增长。我们用同样的方法去分析第 2 个方程。再看第 3 个方程，由于 $a_{30}>0$，说明 C 种群主要依靠吃 A 和 B 种群为生，当 A 和 B 种群不存在，即 $x_1=x_2=0$ 时，则 x_3 必减少；其中 $a_{31}>0$ 和 $a_{32}>0$，说明 C 是 A 和 B 的捕食者，A 和 B 的密度 x_1 和 x_2 越大，越有利于 C 种群的增长。

（2）1 个食饵种群 A，2 个捕食者种群 B 和 C。仍设 x_1，x_2，x_3 分别是 A、B、C 的密度。

$$\begin{cases}\frac{\mathrm{d}x_1}{\mathrm{d}t}=x_1(a_{10}-a_{12}x_2-a_{13}x_3)\\ \frac{\mathrm{d}x_2}{\mathrm{d}t}=x_2(-a_{20}+a_{21}x_1-a_{22}x_2-a_{23}x_3)\\ \frac{\mathrm{d}x_3}{\mathrm{d}t}=x_3(-a_{30}+a_{31}x_1-a_{32}x_2-a_{33}x_3)\end{cases}\tag{2}$$

可以看出在这个模型中是假设捕食者种群 B 和 C 具有线性密度制约，而食饵种群 A 本身是非密度制约增长的。如果和（1）式一样考虑食饵种群 A 本身是线性密度制约的，而捕食者种群 B 和 C 本身是非密度制约增长的，则模型为：

$$\begin{cases}\frac{\mathrm{d}x_1}{\mathrm{d}t}=x_1(a_{10}-a_{11}x_1-a_{12}x_2-a_{13}x_3)\\ \frac{\mathrm{d}x_2}{\mathrm{d}t}=x_2(-a_{20}+a_{21}x_1-a_{23}x_3)\\ \frac{\mathrm{d}x_3}{\mathrm{d}t}=x_3(-a_{30}+a_{31}x_1-a_{32}x_3)\end{cases}\tag{3}$$

如果考虑更简单的情况，即捕食者种群 B 和 C 不但本身增长是非密度制约的，而且 B 的密度大小不影响 C 种群的增长，反之 C 的密度也不影响 B 种群的增长，也就是说 B，C 两群几乎处于相同的地位，又可以被考虑是非密度制约的。而 B 种群与 C 种群的不同点，只在于它们的死亡率(a_{20} 和 a_{30})以及它们对于食饵的消化能力(a_{21} 和 a_{31})有所不同。这时数学模型便为：

$$\begin{cases}\frac{\mathrm{d}x_1}{\mathrm{d}t}=x_1(a_{10}-a_{11}x_1-a_{12}x_2-a_{13}x_3)\\ \frac{\mathrm{d}x_2}{\mathrm{d}t}=x_2(-a_{20}+a_{21}x_1)\\ \frac{\mathrm{d}x_3}{\mathrm{d}t}=x_3(-a_{30}+a_{31}x_1)\end{cases} \tag{4}$$

(3)捕食链：C 是 B 的捕食者，B 又是 A 的捕食者。仍设 x_1，x_2，x_3 分别是 A，B，C 的密度，并假设 3 者的增长都是密度制约的，则数学模型为：

$$\begin{cases}\frac{\mathrm{d}x_1}{\mathrm{d}t}=x_1(a_{10}-a_{11}x_1-a_{12}x_2)\\ \frac{\mathrm{d}x_2}{\mathrm{d}t}=x_2(-a_{20}+a_{21}x_1-a_{22}x_2-a_{23}x_3)\\ \frac{\mathrm{d}x_3}{\mathrm{d}t}=x_3(-a_{30}+a_{32}x_2-a_{33}x_3)\end{cases} \tag{5}$$

这里是假设 C 虽然是 B 的捕食者，但它不伤害 A。不然的话，C 同时捕食 B 和 A，B 只捕食 A，而 A 要被 C 和 B 两者所捕食，则模型为：

$$
\begin{cases}
\dfrac{\mathrm{d}x_1}{\mathrm{d}t}=x_1(a_{10}-a_{11}x_1-a_{12}x_2-a_{13}x_3) \\
\dfrac{\mathrm{d}x_2}{\mathrm{d}t}=x_2(-a_{20}+a_{21}x_1-a_{22}x_2-a_{23}x_3) \\
\dfrac{\mathrm{d}x_3}{\mathrm{d}t}=x_3(-a_{30}+a_{31}x_1+a_{32}x_2-a_{33}x_3)
\end{cases}
\tag{6}
$$

上面讲的是捕食者与被捕食者种群的模型。如果 A，B，C 3 个种群没有捕食与被捕食的关系，而是相互竞争的关系，并假定 3 者的增长都是线性密度制约的，则模型为：

$$
\begin{cases}
\dfrac{\mathrm{d}x_1}{\mathrm{d}t}=x_1(a_{10}-a_{11}x_1-a_{12}x_2-a_{13}x_3) \\
\dfrac{\mathrm{d}x_2}{\mathrm{d}t}=x_2(a_{20}-a_{21}x_1-a_{22}x_2-a_{23}x_3) \\
\dfrac{\mathrm{d}x_3}{\mathrm{d}t}=x_3(a_{30}-a_{31}x_1-a_{32}x_2-a_{33}x_3)
\end{cases}
\tag{7}
$$

如果 3 者之间均为互惠共存的关系，而每一种群在本身增长时密度制约，则显然其模型为：

$$
\begin{cases}
\dfrac{\mathrm{d}x_1}{\mathrm{d}t}=x_1(a_{10}-a_{11}x_1+a_{12}x_2+a_{13}x_3) \\
\dfrac{\mathrm{d}x_2}{\mathrm{d}t}=x_2(a_{20}+a_{21}x_1-a_{22}x_2+a_{23}x_3) \\
\dfrac{\mathrm{d}x_3}{\mathrm{d}t}=x_3(a_{30}+a_{31}x_1+a_{32}x_2-a_{33}x_3)
\end{cases}
\tag{8}
$$

以上是考虑线性密度制约以及种群之间是线性关系的情况的一部分模型，其他模型可以类推而得到。（注：以上模型中的 a_{ij} 均表示正常数。）

第二种功能性反应系统

上面介绍的 3 种群的 Volterra 型模型，也可以说是把相对增长率线性化了的 3 个种群模型。若不作线性化，则如同 2 种群捕食与被捕食关系的模型一样，考虑捕食者的功能性反应时。为简单起见，我们用图形的方法来表示。

若 C 捕食 A，而且 C 的捕食能力用Ⅱ类功能性反应函数来描述，则我们用下图来表示：

$$Ⓐ\xrightarrow{\text{Ⅱ}}Ⓒ$$

如果 C 的捕食能力用Ⅲ类功能性反应函数来描述，则图表示为：

$$Ⓐ\xrightarrow{\text{Ⅲ}}Ⓒ$$

如果 C 的捕食能力用一般功能性反应函数来描述，则图表示为：

$$Ⓐ\xrightarrow{P}Ⓒ$$

下面我们分 3 种情况来研究具功能性反应的 3 个种群捕食——被捕食模型[同上，用 $x_1(t)$、$x_2(t)$和 $x_3(t)$分别表示种群 A，B，C，在时刻 t 的密度]。

1)2 个捕食者种群，1 个食饵种群的情况。

首先我们来回顾一下 2 个捕食者种群，1 个食饵(被捕食者)种群的 Volterra 型模型：

$$\begin{cases}\dfrac{\mathrm{d}x_1}{\mathrm{d}t}=x_1(a_{10}-a_{11}x_1-a_{12}x_2-a_{13}x_3)\\ \dfrac{\mathrm{d}x_2}{\mathrm{d}t}=x_2(-a_{20}+a_{21}x_1)\\ \dfrac{\mathrm{d}x_3}{\mathrm{d}t}=x_3(-a_{30}+a_{31}x_1)\end{cases}$$

和两种群模型一样，我们可以把它写成：

$$
\begin{cases}
\dfrac{dx_1}{dt}=x_1(a_{10}-a_{11}x_1)-a_{12}x_1x_2-a_{13}x_1x_2 \\
\qquad =x_1(a_{10}-a_{11}x_1)-p_1(x_1)x_2-p_2(x_1)x_3 \\
\dfrac{dx_2}{dt}=x_2(-a_{20}+a_{21}x_1)=x_2[-x_{20}+k_1p_1(x_1)] \\
\dfrac{dx_3}{dt}=x_3(-a_{30}+a_{31}x_1)=x_3[-a_{30}+k_2p_2(x_1)]
\end{cases}
$$

其中 $p_1(x_1)=a_{12}x_1$ 是种群 B 的功能性反应，$p_2(x_1)=a_{13}x_1$ 是种群 C 的功能性反应(这里 p_1，p_2 都是线性功能性反应)，$k_1=\dfrac{a_{21}}{a_{a13}}$，$k_2=\dfrac{a_{31}}{a_{13}}$分别为 B 和 C 的消化系数。因而按约定(6)，对 2 个捕食者种群 1 个食饵种群，如果捕食者种群的功能性反应是一般功能性反应函数时，那么其数学模型为：

$$
\begin{cases}
\dfrac{dx_1}{dt}=f(x_1)-p_1(x_1)x_2-p_2(x_1)x_3 \\
\dfrac{dx_2}{dt}=x_2[-a_{20}+k_1p_1(x_1)] \\
\dfrac{dx_3}{dt}=x_3[-a_{30}+k_2p_2(x_1)]
\end{cases}
\tag{9}
$$

这里 $f(x_1)$是 A 种群的增长率，在 A 种群为线性密度制约时，$f(x_1)=x_1(a_{10}-a_{11}x_1)$。

我们可以就模型(9)的各种特殊情况举例如下：

(1)2 个捕食者种群均为Ⅱ类型功能性反应：

$$
p_1(x_1)=\frac{m_1x_1}{a_1+x_1}
$$

$$
p_2(x_1)=\frac{m_2\cdot\dfrac{dx_1}{dt}}{a_2+x_1}
$$

这里 m_i，a_i 均为正常数($i=1$，2)，模型为：

$$\begin{cases}\dfrac{dx_1}{dt}=x_1(a_{10}-a_{11}x_1)-\dfrac{m_1x_1}{a_1+x_1}x_2-\dfrac{m_2x_1}{a_2+x_1}x_3\\ \dfrac{dx_2}{dt}=x_2(-a_{20}+k_1\dfrac{m_1x_1}{a_1+x_1})\\ \dfrac{dx_3}{dt}=x_3(-a_{30}+k_2\dfrac{m_2x_1}{a_2+x_1})\end{cases}\tag{10}$$

(2)2 个捕食者种群均为Ⅲ类功能性反应：

$$p_1(x_1)=\frac{m_1x_1^2}{a_1+x_1^2},$$

$$p_2(x_1)=\frac{m_2x_1^2}{a_2+x_1^2}$$

模型为：

$$\begin{cases}\dfrac{dx_1}{dt}=x_1(a_{10}-a_{11}x_1)-\dfrac{m_1x_1^2}{a_1+x_1^2}x_2-\dfrac{m_2x_1^2}{a_2+x_1^2}x_3\\ \dfrac{dx_2}{dt}=x_2(-a_{20}+k_1\dfrac{m_1x_1^2}{a_1+x_1^2})\\ \dfrac{dx_3}{dt}=x_3(-a_{30}+k_2\dfrac{m_2x_1^2}{a_2+x_1^2})\end{cases}\tag{11}$$

(3)2 个捕食者种群之一是Ⅱ类功能性反应，而另一个是Ⅲ类功能性反应的模型为：

$$\begin{cases}\dfrac{dx_1}{dt}=x_1(a_{10}-a_{11}x_1)-\dfrac{m_1x_1}{a_1+x_1}x_2-\dfrac{m_2x_1^2}{a_2+x_1^2}x_3\\ \dfrac{dx_2}{dt}=x_2(-a_{20}+k_1\dfrac{m_1x_1}{a_1+x_1})\\ \dfrac{dx_3}{dt}=x_3(-a_{30}+k_2\dfrac{m_2x_1^2}{a_2+x_1^2})\end{cases}\tag{12}$$

(4)2 个捕食者种群之一是线性功能性反应，而另一个是Ⅱ类功能性反应的模型：

$$
\begin{cases}
\dfrac{\mathrm{d}x_1}{\mathrm{d}t}=x_1(a_{10}-a_{11}x_1)-a_{12}x_1x_2-\dfrac{m_2x_1}{a_2+x_1}x_3 \\
\dfrac{\mathrm{d}x_2}{\mathrm{d}t}=x_2(-a_{20}+a_{21}x_1) \\
\dfrac{\mathrm{d}x_3}{\mathrm{d}t}=x_3(-a_{30}+k_2\dfrac{m_2x_1}{a_2+x_1})
\end{cases}
\tag{13}
$$

关于 2 个捕食种群，1 个食饵种群的类型，我们这里只举了 4 个例子，其他情况还很多，按照上述建立模型的法则，其模型都可以构成，这里不再一一列举。

2)捕食链的情况。

如前，我们从 *Volterra* 型模型(线性功能性反应情况)开始，有模型：

$$
\begin{cases}
\dfrac{\mathrm{d}x_1}{\mathrm{d}t}=x_1(a_{10}-a_{11}x_1-a_{12}x_2) \\
\qquad =x_1(a_{10}-a_{11}x_1)-p_1(x_1)x_2 \\
\dfrac{\mathrm{d}x_2}{\mathrm{d}t}=x_2(-a_{20}+a_{21}x_1-a_{23}x_3) \\
\qquad =x_2[-a_{20}+k_1p_1(x_1)]-p_2(x_2)x_3 \\
\dfrac{\mathrm{d}x_3}{\mathrm{d}t}=x_3(-a_{30}+a_{32}x_2)=x_3[-a_{30}+k_2p_2(x_2)]
\end{cases}
$$

其中 $p_1(x_1)=a_{12}x_1$，$p_2(x_2)=a_{23}x_2$，$k_1=\dfrac{a_{21}}{a_{12}}$，$k_2=\dfrac{a_{32}}{a_{23}}$。这里我们就有在一般功能性反应情况下捕食链系统的数学模型：

$$
\begin{cases}
\dfrac{\mathrm{d}x_1}{\mathrm{d}t}=x_1(a_{10}-a_{11}x_1)-p_1(x_1)x_2 \\
\dfrac{\mathrm{d}x_2}{\mathrm{d}t}=x_2[-a_{20}+k_1p_1(x_1)]-p_2(x_2)x_3 \\
\dfrac{\mathrm{d}x_3}{\mathrm{d}t}=x_3[-a_{30}+k_2p_2(x_2)]
\end{cases}
\tag{14}
$$

下面我们也就各种特殊的功能性反应函数，举几个例子来说明：

(1)2 个捕食者种群均为Ⅱ类功能性反应，即有：

$$\begin{cases}\dfrac{dx_1}{dt}=x_1(a_{10}-a_{11}x_1)-\dfrac{m_1x_1}{a_1+x_1}x_2\\ \dfrac{dx_2}{dt}=x_2(-a_{20}+k_1\dfrac{m_1x_1}{a_1+x_1})-\dfrac{m_2x_2}{a_2+x_2}x_3\\ \dfrac{dx_3}{dt}=x_3(-a_{30}+k_2\dfrac{m_2x_2}{a_2+x_2})\end{cases} \tag{15}$$

(2)2 捕食者种群均为Ⅲ类功能性反应，即有：

$$\begin{cases}\dfrac{dx_1}{dt}=x_1(a_{10}-a_{11}x_1)-\dfrac{m_1x_1^2}{a_1+x_1^2}x_2\\ \dfrac{dx_2}{dt}=x_2(-a_{20}+k_1\dfrac{m_1x_1^2}{a_1+x_1^2})-\dfrac{m_2x_2^2}{a_2+x_2^2}x_3\\ \dfrac{dx_3}{dt}=x_3(-a_{30}+k_2\dfrac{m_2x_2^2}{a_2+x_2^2})\end{cases} \tag{16}$$

(3)2 个捕食者种群中一个为线性功能性反应，另一个为Ⅱ类功能性反应，则有模型：

$$\begin{cases}\dfrac{dx_1}{dt}=x_1(a_{10}-a_{11}x_1)-a_{12}x_1x_2\\ \dfrac{dx_2}{dt}=x_2(-a_{20}+a_{21}x_1)-\dfrac{m_2x_2}{a_2+x_2}x_3\\ \dfrac{dx_3}{dt}=x_3(-a_{30}+k\dfrac{m_2x_2}{a_2+x_2}),\quad k>0\end{cases} \tag{17}$$

关于捕食链系统的模型，我们只举了这 3 个例子。虽然还存在很多其他情况，但只要按照相同的法则均可建立其数学模型。

3)1 个捕食者种群，2 个食饵种群的情况。

如前，我们还是从 Volterra 型模型(线性功能性反应)开始考虑。设种群 C 为捕食者，种群 A 和 B 均为种群 C 的食饵，模型为：

$$\begin{cases}\dfrac{\mathrm{d}x_1}{\mathrm{d}t}=x_1(a_{10}-a_{11}x_1)-a_{13}x_1x_3\\ \qquad =x_1(a_{10}-a_{11}x_1)-p_1(x_1)x_3\\ \dfrac{\mathrm{d}x_2}{\mathrm{d}t}=x_2(a_{20}-a_{22}x_2)+a_{23}x_2x_3\\ \qquad =x_2(a_{20}-a_{22}x_2)-p_2(x_2)x_3\\ \dfrac{\mathrm{d}x_3}{\mathrm{d}t}=x_3(-a_{30}+a_{31}x_1+a_{32}x_2)\\ \qquad =x_3[-a_{30}+k_1p_1(x_1)+k_2p_2(x_2)]\end{cases}$$

这里 $p_1(x_1)=a_{13}x_1$ 表示在单位时间内种群 C 的每一个捕食者捕食食饵 A 的个数，即捕食率；而 a_{13} 表示每一个食饵 A 在单位时间内被每一个捕食者 C 发现的发现率。同样 $p_2(x_2)=a_{23}x_2$ 是种群 C 捕食种群 B 的捕食率，a_{23} 是每一个食饵 B 在单位时间内被每一个捕食者 C 所发现的发现率。因为我们在这里把捕食率(功能性反应)线性化了，所以 2 个食饵种群的被发现率均为常数。但实际上并非如此，在考虑其他类型的功能性反应时，发现率就不是常数。例如Ⅱ类功能性反应，为了简单起见，我们先以 2 个种群模型为例，若 B 是捕食者种群，A 是食饵种群，则由前面的叙述，我们知道有模型：

$$\begin{cases}\dfrac{\mathrm{d}x_1}{\mathrm{d}t}=x_1(a_{10}-a_{11}x_1)-\dfrac{m_1x_1}{a_1+b_1x_1}x_2\\ \dfrac{\mathrm{d}x_2}{\mathrm{d}t}=x_2(-a_{20}+k\,\dfrac{m_1x_1}{a_1+b_1x_1})\end{cases}$$

其中 $p(x_1)\equiv\dfrac{m_1x_1}{a_1+b_1x_1}$是捕食率(Ⅱ类功能性反应)，表示在单位时间内每一个捕食者 B 捕捉食饵 A 的个数。因而 $\overline{p}(x_1)\equiv\dfrac{m_1}{a_1+b_1x_1}$则为每一个食饵 A 在单位时间内被每一个捕食者 B 所

发现的发现率，显然这时的发现率已不是常数了。$\overline{P}(x_1)$的大小与食饵种群 A 的密度 x_1 的大小成反比，这也就是说，食饵种群的数目越多，每一个食饵被每一个捕食者发现的可能性就越小。若在某一环境中，有 1 个捕食者种群 C，而同时存在着 2 个食饵种群 A 和 B，则每一个食饵 A 被每一个捕食者 C 所发现的概率就不能与食饵 A 的密度 x_1 成反比。因为当捕食者 C 遇到食饵 B 时，即先捕食 B，从而就减少了食饵 A 被发现的可能性。因而可以认为：每一个食饵 A 被每一个捕食者 C 所发现的概率不仅与食饵 A 的密度 x_1 成反比，而且与 2 个食饵种群 A 和 B 总和的密度成反比。但考虑到食饵种群 A 和 B 躲避捕食者种群 C 的捕捉的能力不一样，所以在Ⅱ类功能性反应的情况下，我们认为每一个食饵 A 被每一个捕食者 C 所发现的发现率 $\overline{P}_1(x_1, x_2)$为：

$$\overline{P_1}=\frac{m_1}{a_1+b_1x_1+b_2x_2}$$

同样，每一个食饵 B 被每一个捕食者 C 所发现的发现率$\overline{P_2}(x_1, x_2)$为：

$$\overline{P_2}=\frac{m_2}{a_1+b_1x_1+b_2x_2}$$

也就是说种群 C 捕食种群 B 的捕食率为：

$$P_2=\frac{m_2x_2}{a_1+b_1x_1+b_2x_2}$$

种群 C 捕食种群 A 的捕食率为：

$$P_1=\frac{m_1x_1}{a_1+b_1x_1+b_2x_2}$$

因而 1 个捕食者种群，2 个食饵种群，捕食者的功能性反应为Ⅱ类功能性反应时的模型为：

$$
\begin{cases}
\dfrac{\mathrm{d}x_1}{\mathrm{d}t}=x_1(a_{10}-a_{11}x_1)-\dfrac{m_1x_1}{a_1+b_1x_1+b_2x_2}x_3 \\
\dfrac{\mathrm{d}x_2}{\mathrm{d}t}=x_2(a_{20}-a_{22}x_2)-\dfrac{m_2x_2}{a_1+b_1x_1+b_2x_2}x_3 \\
\dfrac{\mathrm{d}x_3}{\mathrm{d}t}=x_3(-a_{30}+\dfrac{k_1m_1x_1+k_2m_2x_2}{a_1+b_1x_1+b_2x_2})
\end{cases}
\tag{18}
$$

同样，对于 3 个种群相互作用的模型，如果考虑在 3 个种群中存在捕食与被捕食或寄生物与寄主的关系时，也要考虑互相干扰的因素，那么模型将会更加复杂。若写成一般的形成，则称之为 Kolmogrov 模型：

$$
\begin{cases}
\dfrac{\mathrm{d}x_1}{\mathrm{d}t}=x_1F_1(x_1,\ x_2,\ x_3) \\
\dfrac{\mathrm{d}x_2}{\mathrm{d}t}=x_2F_2(x_1,\ x_2,\ x_3) \\
\dfrac{\mathrm{d}x_3}{\mathrm{d}t}=x_3F_3(x_1,\ x_2,\ x_3)
\end{cases}
\tag{19}
$$

第三种食饵具有避难所的 3 个种群模型

有人把一支玻璃管放入面粉中，使锯谷盗的幼虫有一个避难处而不被杂拟谷盗所食，于是锯谷盗与杂拟谷盗得以共存。怎样用数学模型来描述这种现象呢？我们先就 2 种群模型来讨论。若 A 为食饵种群，在时刻 t 时的密度用 $x_1(t)$表示，B 为捕食者种群，在时刻 t 时的密度用 $x_2(t)$表示。则当 A 种群不存在避难所时的 Volterra 型模型为：

$$
\begin{cases}
\dfrac{\mathrm{d}x_1}{\mathrm{d}t}=a_{10}x_1-a_{12}x_1x_2 \\
\dfrac{\mathrm{d}x_2}{\mathrm{d}t}=x_2(-a_{20}+ka_{12}x_1),\ k=\dfrac{a_{21}}{a_{12}}
\end{cases}
$$

我们知道，这里 $a_{12}x_1$ 是捕食率，即每一个捕食者在单位时间内捕食食饵的个数，而 a_{12} 为每一个食饵在单位时间内被每一个捕食者所发现的概率。因为现在有 x_1 个食饵都是可被捕食者所发现的，所以每一个捕食者在单位时间内能捕捉到的食饵个数为 $a_{12}x_1$。如果食饵种群有一个容量为 h 的避难所，那么这 h 个食饵在避难所内是不会被捕食者所发现。这样可能被捕食者所发现的食饵的个数应为 x_1-h，因而有避难所时捕食率则为 $a_{12}(x_1-h)$。在上述模型中，以 $a_{12}(x_1-h)$ 代替 $a_{12}x_1$，则得到有避难所时的模型：

$$\begin{cases}\dfrac{\mathrm{d}x_1}{\mathrm{d}t}=a_{10}x_1-a_{12}(x_1-h)x_2\\[2ex]\dfrac{\mathrm{d}x_2}{\mathrm{d}t}=-a_{20}x_2+ka_{12}(x-h)x_2\end{cases}\tag{20}$$

我们用同样的道理来建立有避难所时的 3 个种群模型，下面分 3 种情况来建立。

1)2 个捕食者种群 C 和 B，1 个食饵种群 A 且在 A 有避难所时的模型。

先看 A 无避难所时的模型：

$$\begin{cases}\dfrac{\mathrm{d}x_1}{\mathrm{d}t}=a_{10}x_1-x_1x_2-a_{13}x_1x_3\\[2ex]\dfrac{\mathrm{d}x_2}{\mathrm{d}t}=x_2(-a_{20}+k_1a_{12}x_1)，k_1=\dfrac{a_{21}}{a_{12}}\\[2ex]\dfrac{\mathrm{d}x_3}{\mathrm{d}t}=x_3(-a_{30}+k_2a_{13}x_1)，k_2=\dfrac{a_{31}}{a_{13}}\end{cases}$$

现在如果种群 A 有一个容量为 h 的避难所，那么因为有 h 个食饵在避难所内不能被捕食者 B 发现，同样这 h 个在避难所内的 A 种群也不能被捕食者 C 发现，所以只要把上面模型中的捕食率 $a_{12}x_1$ 换成 $a_{12}(x_1-h)$，把 $a_{13}x_1$ 换成 $a_{13}(x_1-h)$，就得到有避难所时的模型：

$$\begin{cases}\dfrac{dx_1}{dt}=a_{10}x_1-a_{12}(x_1-h)x_2-a_{13}(x_1-h)x_3\\[2ex]\dfrac{dx_2}{dt}=-a_{20}x_2+k_1a_{12}(x_1-h)x_2\\[2ex]\dfrac{dx_3}{dt}=-a_{30}x_3+k_2a_{13}(x_1-h)x_3\end{cases}$$

2)1 个捕食者种群 C，2 个食饵种群 A 和 B，且当 A 和 B 都有避难所时的模型。

同样，我们先写出无避难所时的模型为：

$$\begin{cases}\dfrac{dx_1}{dt}=a_{10}x_1-a_{13}x_1x_3\\[2ex]\dfrac{dx_2}{dt}=a_{20}x_2-a_{23}x_2x_3\\[2ex]\dfrac{dx_3}{dt}=x_3(-a_{30}+a_{31}x_1+a_{32}x_2)\end{cases}$$

如果食饵种群 A 有一个容量为 h 的避难所，食饵种群 B 有一个容量为 k 的避难所，则其模型可以用类似于前面所说的做法得到：

$$\begin{cases}\dfrac{dx_1}{dt}=a_{10}x_1-a_{13}(x_1-h)x_3\\[2ex]\dfrac{dx_2}{dt}=a_{20}x_2-a_{23}(x_2-k)x_3\\[2ex]\dfrac{dx_3}{dt}=x_3[-a_{30}+a_{31}(x_1-h)+a_{32}(x_2-k)]\end{cases}\tag{21}$$

3)捕食链的情况且有避难所时的模型。

我们仍然先从无避难所时的模型出发，这时模型为：

$$\begin{cases}\dfrac{\mathrm{d}x_1}{\mathrm{d}t}=a_{10}x_1-a_{12}x_1x_2-a_{13}x_1x_3\\[2ex]\dfrac{\mathrm{d}x_2}{\mathrm{d}t}=-a_{20}x_2+a_{21}x_1x_2-a_{23}x_2x_3\\[2ex]\dfrac{\mathrm{d}x_3}{\mathrm{d}t}=-a_{30}x_3+a_{31}x_1x_3+a_{32}x_2x_3\end{cases}$$

我们分下面 3 种情况来建立数学模型。

(1)我们可称 A 为第一食饵，B 为第二食饵。当第一食饵 A 有容量 h 的避难所，第二食饵 B 无避难所时，我们只要把前一模型中的 $a_{12}x_1$ 和 $a_{13}x_1$ 分别改为 $a_{12}(x_1-h)$ 和 $a_{13}(x_1-h)$，即得模型：

$$\begin{cases}\dfrac{\mathrm{d}x_1}{\mathrm{d}t}=a_{10}x_1-a_{12}(x_1-k)x_2-a_{13}(x_1-k)x_3\\[2ex]\dfrac{\mathrm{d}x_2}{\mathrm{d}t}=-a_{20}x_2+a_{21}(x_1-h)x_2-a_{23}x_2x_3\\[2ex]\dfrac{\mathrm{d}x_3}{\mathrm{d}t}=-a_{30}x_3+a_{31}(x_1-h)x_3+a_{32}x_2x_3\end{cases}\tag{22}$$

(2)设第一食饵 A 无避难所，第二食饵 B 有容量为 k 的避难所。因为 B 既是 C 的食饵又是 A 的捕食者，所以当 k 个 B 在避难所内时，它们则不可能被 C 所发现，但同时这 k 个 B 也不能去发现 A，因此这时模型应为：

$$\begin{cases}\dfrac{\mathrm{d}x_1}{\mathrm{d}t}=a_{10}x_1-a_{12}x_1(x_2-k)-a_{13}x_1x_3\\[2ex]\dfrac{\mathrm{d}x_2}{\mathrm{d}t}=-a_{20}x_2+a_{21}x_1(x_2-k)-a_{23}(x_2-k)x_3\\[2ex]\dfrac{\mathrm{d}x_3}{\mathrm{d}t}=-a_{30}x_3+a_{31}x_1x_3+a_{32}(x_2-k)x_3\end{cases}\tag{23}$$

(3)设 2 个食饵都有避难所。第一食饵种群 A 有容量为 h 的避难所，第二食饵种群 B 有容量为 k 的避难所，类似于上述的方法，可得模型：

$$\begin{cases}\dfrac{\mathrm{d}x_1}{\mathrm{d}t}=a_{10}x_1-a_{12}(x_1-h)(x_2-k)-a_{13}(x_1-h)x_3\\ \dfrac{\mathrm{d}x_2}{\mathrm{d}t}=-a_{20}x_2+a_{21}(x_1-h)(x_2-k)-a_{23}(x_2-k)x_3\\ \dfrac{\mathrm{d}x_3}{\mathrm{d}t}=-a_{30}x_3+a_{31}(x_1-h)x_3+a_{32}(x_2-k)x_3\end{cases}$$

即：

$$\begin{cases}\dfrac{\mathrm{d}x_1}{\mathrm{d}t}=a_{10}x_1-(x_1-h)[a_{12}(x_2-k)+a_{13}x_3]\\ \dfrac{\mathrm{d}x_2}{\mathrm{d}t}=-a_{20}x_2+(x_2-k)[a_{21}(x_1-h)-a_{23}x_3]\\ \dfrac{\mathrm{d}x_3}{\mathrm{d}t}=-a_{30}x_3+a_{31}(x_1-h)x_3+a_{32}(x_2-k)x_3\end{cases}\tag{24}$$

开发资源的 3 个种群互相作用的模型，基本上是按照单种群和两种群互相作用的模型类推的，具体情况也如此，但要复杂得多，这里不再细述，这类模型的研究也比较困难。

6. 多个种群相互作用的一般数学模型讨论

对于 4 个种群，以及更多的种群相互作用的模型的建立也与 3 个种群情况一样。例如有 4 个种群，而其中 2 个为“资源”(被捕食者)种群，另外 2 个是“消耗者”种群(捕食者)。如果资源是按 Logistic 增长的，消耗者之间互不影响，则得简单的模型：

$$\begin{cases}\dfrac{\mathrm{d}x_1}{\mathrm{d}t}=x_1[r_1(1-\dfrac{x_1}{k_1})-k_{11}y_1-k_{12}y_2]\\ \dfrac{\mathrm{d}x_2}{\mathrm{d}t}=x_2[r_2(1-\dfrac{x_2}{k_2})-k_{21}y_1-k_{22}y_2]\\ \dfrac{\mathrm{d}y_1}{\mathrm{d}t}=y_1(b_{11}x_1+b_{12}x_2-D_1)\\ \dfrac{\mathrm{d}y_2}{\mathrm{d}t}=y_2(b_{21}x_1+b_{22}x_2-D_2)\end{cases}\tag{1}$$

更为一般的若 m 个食饵种群，n 个捕食者种群的模型：

$$\begin{cases} \dfrac{\mathrm{d}x_i}{\mathrm{d}t} = r_i x_i - \sum\limits_{i=1}^{n} r_{ij} x_i y_i, \quad i = 1,2,\cdots m \\ \dfrac{\mathrm{d}y_R}{\mathrm{d}t} = -\varepsilon_R y_R + \sum\limits_{i=1}^{m} k_{Rj} x_j y_R, \quad k = 1,2,\cdots,n \end{cases} \tag{2}$$

以上各模型中的所有参数都为正，这是一般的考虑。假设每个捕食者对每个食饵都起作用，也可以考虑某些特殊的情况。例如每个捕食者都有一个对应的食饵，它对别的食饵不起作用只是食饵之间密度发生互相制约，也不是所有食饵之间密度都有制约作用，例如对于食饵 x_i，只其邻近的 x_{i-1} 和 x_{i+1} 的密度对它有制约作用，这样的模型为：

$$\begin{cases} \dfrac{\mathrm{d}x_i}{\mathrm{d}t} = x_i[a_i - d_i y_i - \varepsilon_i(x_{i-1} + x_{i+1})], \ \varepsilon_i > 0 \\ \dfrac{\mathrm{d}y_i}{\mathrm{d}t} = y_i(-b_i + \beta_i x_i), \ i=1, 2, \cdots, n \end{cases} \tag{3}$$

一般的多维 Latka—Volterra 模型为：

$$\frac{\mathrm{d}x_i}{\mathrm{d}t} = x_i(b_i + \sum_{j=1}^{m} a_{ij} x_j), i = 1,2,\cdots,m \tag{4}$$

这里 b_i，a_{ij} 对 i，$j=1$，2，…，m 是常数。（注意：这里并不一定全是正的，其符号要看各种群之间的具体关系而定。）这里，考虑每一种群本身线性密度制约的。如果是非线性密度制约的，则形式比较复杂。例如 Gilpin 和 Ayala 考虑模型：

$$\frac{\mathrm{d}x_i}{\mathrm{d}t} = r_i x_i[1 - (\frac{x_i}{k_i})^{\theta_i} - \sum_{i \neq j}^{m} a_{ij} (\frac{x_j}{k_i})] \tag{5}$$

这里 $\theta_i > 0$。在(4)和(5)式中考虑每一种群之间的影响是线性的，当然，也可以把它们考虑成是非线性的，例如：

$$\frac{\mathrm{d}x_i}{\mathrm{d}t} = r_i x_i[1 - \sum_{i=1}^{m} E_{ij} (\frac{x_j}{k_i})^{\theta_j}] \tag{6}$$

$\theta_i > 0$。最为一般的形式为 Kolmogorov 模型为：

$$\frac{dx_i}{dt}=x_iF_i(x_1, x_2, \cdots, x_m), \quad i=1, 2, \cdots, m \quad (7)$$

其中 F_1，F_2，…，F_m 是一般非线性函数。

离散时间形式为：

$$N_i(t+1)=G_i[N_1(t), N_2(t), \cdots, N_m(t)] \quad (8)$$

这里 $i=1, 2, \cdots, m$，G_i 为种群密度的连续函数。其他的具体方程，例如(4)式也有相应的离散时间模型，只要把那里的微分改为差分即可，这里不再一一罗列。

关于被开发的系统的模型，仿照单种群的模型，相应的有

$$\frac{dx_i}{dt}=x_iF_i(x_1, x_2, \cdots, x_m)+h_i, \quad i=1, 2, \cdots m \quad (9)$$

或非常数收获率(上式 h_i 为常数，其正、负号由具体情况而定)有：

$$\frac{dx_i}{dt}=x_iF_i[x_1, x_2, \cdots, x_m, u_1(t), u_2(t), \cdots, u_m(t)],$$

$$i=1, 2, \cdots, m \quad (10)$$

$u_i(t)$为摄动函数，一般设为有界，即

$$-\xi_i\leqslant u_i(t)\leqslant\xi_i$$

ξ_i 和 $\xi_i(i=1, 2, \cdots, m)$是常数。

第四章　调节与控制

辩证法认为：当我们从事物的运动、变化、生命和相互作用方面去考察事物时，就会发现这样一个规律，即运动本身就是矛盾，矛盾产生对立统一，由于矛盾的连续产生和同时解决正好就是运动，所以矛盾的各个方面是可以互相渗透、互相转化的，即对立存在于统一之中，统一建立在对立之上。关于这一规律，恩格斯在他的著作《反杜林论》中给予了精辟的论述，即

“在形而上学者看来，事物及其在思想上的反映，即概念是孤立的，应当逐个和分别加以考察固定的、僵硬的、一成不变的研究对象。他们是在绝对不相容的对立中的思维；他们的说法是：“是就是，不是就不是；除此之外，都是鬼话。”在他们看来，一个事物要么存在，要么就不存在；同样，一个事物不能同时是自己又是别的东西，正和负是绝对互相排斥的；原因和结果也同样是处于固定的相互对立中。初看起来，这种思维方式对我们来说似乎是极为可取的，因为它是合乎所谓常识的。然而，常识在它自己的日常活动范围内虽然是极可尊敬的东西，但它一跨入广阔的研究领域，就会遇到最惊人的变故。形而上学的思维方式，虽然在相当广泛的、各依对象的性质而大小不同的领域中是正当的，甚至是必要的，可是它每一次都迟早要达到一个界限，一旦超过这个界限，它就变成了片面的、狭隘的、抽象的，并且陷入不可解决的矛盾，因为它看到

一个一个的事物，忘了它们互相间的联系；看到了它们的存在，忘了它们的产生和消失；看到了它们的静止，忘了它们的运动；因为它只见树木，不见森林。例如，在日常生活中，我们知道，并且可以肯定地说某种动物存在还是不存在，但是在进行较精确的研究时，我们就发现这有时是极其复杂的事情。这一点法学家们深有体会，他们绞尽脑汁地去发现一条判定，判定在子宫内杀死胎儿是否算是谋杀的合理界限，结果却是徒劳的。同样，要确定死的时刻也是不可能的，因为生理学证明，死并不是突然的、一瞬间的事情，而是一个很长的过程。同样，任何一个有机体，在每一个瞬间都是它本身，又不是它本身；在每一瞬间，它同化着外界供给的物质，并排泄出其他物质；在每一瞬间，它的机体中都有细胞在死亡，也有新的细胞在形成；经过或长或短的一段时间，这个有机体的物质便完全更新了，由其他物质的原子代替了，所以每个有机体永远是它本身，同时又是别的东西。在进行较精确的考察时，我们也发现，某种对立的两极，例如正和负，是彼此不可分离的，正如它们是彼此对立的一样，而且不管它们如何对立，它们总是互相渗透的。同样，原因和结果这 2 个观念，只有在应用于个别场合时才有其本来的意义；可是只要我们把这种个别场合放在它和世界整体的总联系中来考察，这 2 个观念就汇合在一起，融化在普遍相互作用的观念中，在这种相互作用中，原因和结果经常交换位置；在此时或此地是结果，在彼时或彼地就成了原因，反之亦然。”

第一节　基本过程

调节是指协调与调和。在生物科学中，调节是指把生物体及其生存环境看成一个系统，用来使系统按一定规律协调和谐的运动的过程。

控制是指驾驭与支配。在生物科学中，控制是指把生物体及其生存环境看成一个系统，根据系统的自身规律对其进行驾驭与支配。

运用数学和物理学的原理与方法，研究分析生物体的各种调节功能和控制过程，可以概括出一些有关生物体调节和控制过程的共同规律，使我们对这个规律有进一步的认识。

在探讨这个一般规律之前，我们首先回顾一下系统、信息和控制的概念。

一、系统

系统的定义：系统是由要素组成的具有一定层次和结构并与环境发生关系的整体。用美籍奥地利生物学家、系统论的创始人贝塔朗菲的话讲就是："系统是由 2 个以上要素组成的具有整体功能和综合行为的统一集合体。"

对于系统的定义我们可以作以下说明：

①系统地反映了客观事物的整体性，但是系统不简单地等同于整体，因为系统除了反映客观事物的整体性以外，还反映了整体与部分、整体与层次、整体与结构、整体与环境的辩证关系。这就是说，系统是从整体与要素、层次、结构、环境的辩证关系来揭示整体特征的。系统所具有的整体性，都是在一定的结构基础上的整体性。仅有要素，还不能说就组成系统。以某种方式相互作用而形成整体结构，这时才具备系统的整体性。要素的无组织的综合似乎也是一个整体，但这种整体内部各个组成部分之间不具备一定的组合方式，这种综合只是简单的叠加，没有形成系统的结构，因而还不是系统。②系统与要

素既是统一的，又是对立的。系统的性质为要素所无，系统的发展规律也不同于要素的发展规律。然而系统与要素又是统一的，系统的性质需要以要素的性质为基础，系统的规律必通过要素之间的相互关系(结构)体现出来。没有脱离要素而存在的系统，也没有脱离系统而存在的要素。③系统的结构与功能是不可分的。我们把系统内部各要素相互联系和作用的方式称为系统的结构，把系统与外部环境相互联系、相互作用的秩序和能力称为系统功能。贝塔朗菲把结构称为“部分的秩序”，把功能称作“过程的秩序”。功能对结构有绝对依赖的一面，又有相对独立的一面。

系统论：贝塔朗菲于 20 世纪 40 年代，在生物学和哲学领域中，从方法论的角度提出了一般系统论(或称普通系统论)，其目的在于确立适用于一切系统的一般原则、规律和模式。“一般系统论是逻辑和数学的领域”“是对整体和完整性的科学探索”。贝塔朗菲主要是在批判生物学中长期存在的“机械论”和“活力论”的基础上建立自己的理论的。生物学中的机械论认为，生物有机体的属性是其各个组成部分和要素性质的简单的机械总和。贝塔朗菲主张必须用整体性原则代替机械论观点，整体的属性大于其各孤立部分属性的简单总和。

一般系统论是从生物学的角度出发，在总结人类系统思想的基础上，运用类比同构的方法建立起来的。贝塔朗菲创立一般系统论的直接背景有 2 个：一是他认识到，现代人类对生物发展的认识虽然已深入到分子、原子层次，并取得惊人成果，但它在很大程度上是以失去其全貌为代价的。为此，他开始理论生物学的研究，从生物整体出发，把生物及其环境作为一个大系统来研究。二是他还认识到生命与非生命存在一个明显矛盾，即热力学的“退化论”与生物学的“进化论”相对立。其原因在于热力学研究的是无限大的封闭系统，随着时间的推移，系统总是趋向一种越来越混乱的状态，即熵(混乱程度的度量)只能增加，系统走向无序；而生物系统是一个同环境不断进行物质、能量、信息交换的开放系统，是向增加有序方向发展的。一般系统论正是抓住系统开放性这一点，把生物和生命现象的有序性和目的性同系统的结构联系起来。然而我们也必须看到，一般系统论虽然注意了有序性、目的性和系统稳定性的关系，但它并没有真正回答形成这种稳定性的具体机制，对生命现象的有序性、目的性也没有给出满意的回答。

系统研究的原则和方法：系统论将每一个过程和对象都看作一个系统，这个系统与它的环境构成了一个统一体。系统论强调系统和整体的观点，强调要联系环境来考虑系统，注意系统和环境中各个部分的相互作用，从全局来分析系统的变化过程。同时，系统论把系统看成是有许多子系统的层次结构，子系统又由更小的子系统组成。每个子系统都有一定的功能，但整个系统的功能不是各个子系统功能的简单相加，而是具有与子系统连接方式即系统结构密切相关的特殊功能。系统论强调结构的功能分析。概括地说，系统研究的原则主要有：整体性原则、层次结构原则、动态性原则、综合优化原则。整体性原则是系统研究的基本出发点，层次结构原则和动态性原则是系统研究的核心，综合优化是系统研究的精髓。

根据客观事物的系统特性去认识和改造事物的方法就是系统方法。利用系统方法研究客观事物的步骤大体是：①制定系统所要达到的总目标；②为实现和达到系统的总目标拟定若干实施方案；③对所拟的各种方案进行模型模拟；④从模拟比较中选择出最佳方案；⑤依据选定的最佳方案，确定系统的结构组成及其相互关系。

二、信息

信息的定义：信息是关于事物运动状态和规律的表征，或者说，信息是关于事物运动的知识。例如消息、报道、事实、新闻、数据等。由于信息是事物的运动状态和规律的表征，因此信息的存在是普遍的；由于信息具有知识的秉性，因此它对人类的生存和发展是至关重要的。

信息的主要特征：

(1)信息源于物质，又不是物质本身；信息与能量密切相关，又不等同于能量。信息具有知识的秉性，它向观察者提供有关事物运动状态的知识。信息可以脱离它的源物质而被复制、传递、存储和加工，可以被信息的观察者所感知、记录、处理和利用。比如，转播一项农业增产方法，示范现场和示范人员的操作演示可以通过无线电广播、电视，传送给全世界的农业工作者，供其参考。示范现场和示范人员本身不能同时既在亚洲，又在美洲，而其操作演示(信息)却可同时传送到世界各地。认识和理解信息的这个特征是十分重要的。这样，我们就懂得了，为探明地下宝藏，地质队员不必钻进地层去直接探索，只要通过适当的手段取得足够的信息就可以了。同理，研究真空、高温、高压、剧毒、核辐射等情况，也不必身临其境。

(2)信息表征物质系统的有序性。一切物质系统都有一定的结构，结构不同，信息不同，因此，结构决定信息。如“数”与“学”2 个字，可组成“数学”，也可组成“学数”，给出的信息完全不同。只要物质和能量在空间结构和时间顺序上出现了分布不均匀的情况，就有信息产生。单词的信息与字母排列顺序有关；计算机的技术信息与所给指令和程序有关。任何事物或系统，都在空间上具有相互联系的结构形式，在时间上具有变化发展的有序形式。信息是任何一个系统组织程序和有序程度的标志。

(3)只有变化着的事物或运动着的客体才会有信息，静止孤立的客体或永不改变的事物是不会有信息的。例如，我们总是重复介绍一种农业增产方法，这条消息就没有什么信息了。尚未确定的事物才会有信息。如果是已确定的消息，那它就是必然的事物，不会有什么信息。因此，可以这样说，一个事物或一条消息出现的可能性越小，或者说内容越不确定，它所含的信息就越多。

(4)信息不遵守物质和能量的“守恒”定律。根据“物质守恒定律”和“能量守恒定律”，50000g 苹果分给 100 个人，每个人只能得 500g。给 1 个人，就可得 50000g，信息就不同了。例如示范人员可以把农业增产方法知识传给千万个农业工作者，但示范人员自己并没有失去原有的知识。同样的信息，大家可以共同使用，信息不会减少。相同的信息，能够用不同物质载体进行传播，同一种物质，也可携带不同的信息，信息不会变化。

信息论：美国数学家申农在 1948 年发表的《通信的数学理论》一文，标志着信息论这门学科的诞生。信息论是研究信息的基本性质及度量方法，研究信息的获得、传输、存储、处理和交换的一般规律的科学。信息论作为一门科学理论，发端于通信工程。20 世纪 20 年代，由于通信技术的发展和需要，奈奎斯特和哈特莱最早研究了通信系统传输信息的能力，提出用对数作为信息量的测度。哈特莱首次提出了消息是代码、符号，信息是包含在消息中的抽象量，提出了用消息出现概率的对数来度量其中所包含的信息。到了 20 世纪 40 年代，随着雷达、无线电通信和电子计算机、自动控制的相继出现和发展，促进了信息论的诞生。1948 年申农发表了《通信的数学理论》，1949 年又发表了另一篇论文《在噪声中的通信》，提出了度量信息的数学公式，从量的方面描述了信息的传输和提取等问题。申农的这 2 篇著作奠定了狭义信息论的基础。与此同时，维纳也发表了 2 篇著作：《控制论》与《平稳时间序列的外推、内插和平滑化》。维纳主要从自动控制的观点研究信号被噪声干扰的信号处理问题，建立了“维纳滤波器理论”。维纳还对信息概念作了解释，提出了测量信息量的公式。美国的另一位统计学家费希尔从经典统计理论的角度研究了信息理论，提出了单位信息量概念。信息理论的诞生是通信科学史上的一个转折点，它使通信问题的研究从经验转变为科学，开始了信息问题研究的新纪元。

信息是关于事物的运动状态和规律。它既具有一定的形式又具有一定的内容，要对它进行数学描述和度量是很困难的。这是因为，数学是刻画运动形式的工具，而如何从数学上定量地刻画内容，至今仍是一个难题。申农正确地处理了信息的形式和内容的辩证关系，利用统计数学的方法，解决了信息度量问题，给出了信息量的数学公式，为狭义信息论的建立打下了基础，下面我们从 3 个方面对申农信息论作简要的介绍，如图 20 所示。

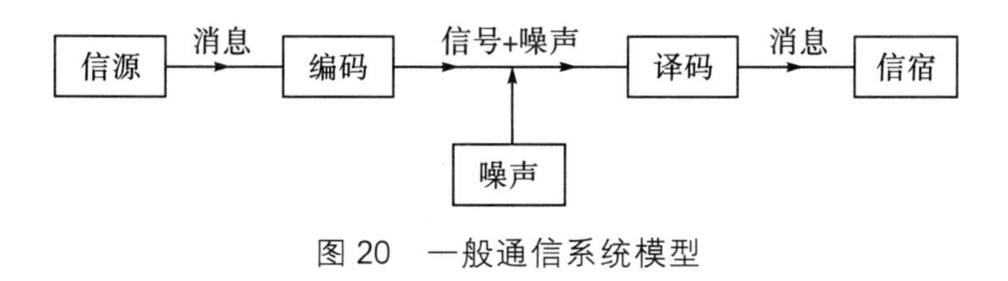

图 20　一般通信系统模型

(1)申农认为通信的实质就是“在通信的一端精确地或近似地复制另一端所挑选的消息”，这就是说，通信就是信息传输，就是将消息由发信者传送给收信者的过程，因此他给出一般通信系统的模型。通信系统通常由信源、信道和信宿 3 个部分组成。信源(发信者)把消息通过发信机编码变成信号序列后发送出去，在收信处则用收信机译码把信号变为消息再交给信宿(受信者)。传送信息的媒介叫信道，比如无线电波传播的空间就是无线电通信的信道，在信道中往往有各种类型噪声混入。申农在描述和研究信息传输时，不是孤立地从信道本身研究问题，而是有联系地、全面地考察问题，从信源-信道-信宿的整体联系中找到问题的解答。

(2)申农承认并利用了信息的形式和内容的辩证关系，排除了语义因素，采取形式化的方法，为定量地度量信息创造了条件。

申农认为，通信的任务只是单纯的复制消息，不需要对信息的语义作任何处理和判断。“通信的语义方面的问题，与工程方面的问题是没有关系的”，只要在通信系统的接收端把发送端发出的消息从形式上复制出来，也就同时复制了它的语义内容。例如，发送这样一条消息：“我国于 1988 年在西安召开了第一届国际生物数学会议。”从形式上看，我们可以把这条消息描写成“由汉字表中选出 25 个字的一种选择，”从信息传输技术上看，只要把这 25 个字的声音彼形(在电话场合)或对应的点划组合(在电报场合)传送到对方就可以了。通信的目的，只是在收信端复制消息的形式，不需要考虑诸如像“是我国而不是别国召开了第一届国际生物数学会议”“召开的是生物数学会议而不是生物物理或生物化学会议”等语义因素。因此，我们在描述和度量信息时，不必追究信息的语义内容，而只考虑其形式就行了，这就是信息的形式化，它是用数学方法定量地研究信息的重要一步。

(3)申农大胆地摒弃了机械决定论，全面地采取了统计学观点，给出了度量概率信息的数学公式，创立了统计通信理论，即申农信息论，或狭义信息论。关于这一点的详细讨论在4.2中。

(4)狭义信息论的局限与广义信息论的兴起——申农信息论是以通信为背景，排除信息的语义和语用因素，应用统计数学方法建立起来的。它的建立，不仅为通信的理论研究作出划时代的贡献，而且在工程应用方面也开辟了新局面。申农信息论成功地解决了通信中的信息传输效率、可靠性和编码等问题，因此人们称它为通信的理论。早在1949年曾与申农合著《信息论》一书的美国著名学者威沃尔把信息理论研究的问题分为3个层次：第一个层次是技术问题，或称语法问题；第二个层次是语义问题；第三个层次是语用问题，或有效性问题。申农信息论只关心符号，它研究语言时就像研究数学运算规则那样只关心符号以及符号之间的统计关系，所以申农信息论只研究了信息论中的语法或技术问题。

申农信息论的局限性主要表现在回避了信息的语义(信息的含义)和语用(信息的价值)这2个方面。所谓语义信息是指信息本身的含义及其逻辑上的真实性和精确性，它不考虑信息使用者个人的主观因素。比如，“人不吃饭”“人要吃饭”“人一天要吃三顿饭”。从语义上判断，第一句在逻辑上不真实，第二句在逻辑上真实，第三句真实且语义信息比第二句多。这些结论对任何人都一样，但是，它们是否有用，或者有多大用处，则与各人的需要和环境有关。又比如，计算机在某些情况下可以保留输入数据所含的全部信息，在另一些情况下则可能因引入近似计算而损失一部分信息。从申农信息论看，计算不会增加任何新的信息，但从实际使用观点看，计算肯定增加了信息的使用价值，它对信息使用者更为有用，再比如，让机器翻译文章，不能仅仅让机器懂得词汇和语法，还必须让它懂得某种语义，否则机器翻译出的作品将可能是胡言乱语。同样，要使机器获得学习功能，也必须使机器能够从语义和语用的角度来理解信息，并能以某种准则作依据来进行选择，决定取舍。所以在信息处理和利用领域中不能回避语义和语用这类问题。申农信息论一旦超出通信工程的范围，在那些必须考虑语义和语用因素的场合，它就显得无能为力了。

三、控制

控制论的定义：美国数学家维纳在 1948 年出版了《控制论》一书，它标志着控制论这门学科的诞生。在《控制论》一书中指出："控制论是关于在动物和机器中控制和通信的科学"。

控制论的基本概念和方法：

控制论的 2 个基本概念：维纳在《控制论》一书中明确提出控制论的 2 个基本概念——信息概念和反馈概念。揭示了机器、生物和人所遵从的共同基本规律——信息变换与反馈控制规律，为机器模拟人和动物的行为或功能提供了理论依据。反馈是控制论中的一个重要的基本概念。反馈是指控制系统把输入的信息输送出去，又把输出信息作用的结果返送到原输入端，并对信息的再输出发生影响，起到控制作用，以达到预期的目的。从对输入的影响来看，反馈可以分为正反馈和负反馈。凡是回输信息与原输入信息起相同作用，使总输出增大的，叫作正反馈；反之，回输信息与原输入信息起相反作用，使总输出减少的，叫作负反馈。反馈过程就是原因和结果的不断相互作用，以完成一个共同的功能目的的过程，这是控制论的核心思想。一个控制系统，就是通过信息变换过程和反馈原理实现的。维纳发现，负反馈不仅是工程系统达到稳定工作的方式之一，它对有机体能保持稳定状态也有重要意义。例如，人有固定的体温、血压和血液中的含糖量等。此外，维纳还发现人的神经控制系统和工程控制系统都是建立在对周围环境和本身状态各种信息的获取、传递、变换和处理的基础上的，而这种信息过程又都是随机过程，必须抛弃机械决定论，用概率和统计的方法才能定量地把握它们。维纳正是从通信、自动控制、神经生理学和数理统计等多种学科的结合点上创立了"控制论"这门独立的新学科。

控制论从行为和功能的角度将生物和机器进行类比，把机器的负反馈概念引入生物系统，把生物的目的性行为赋于机器。人和生命有机体的行为是有意识、有目的的。生物系统的目的性行为又总是同外界环境发生联系，这种联系是一种信息联系，即依靠信息的输入与输出，实现自身内部的通信和保持有机体与外界的平衡。生物系统与外界联系并达到一定目的的手段是反馈，依靠反馈信息对外界对象进行控制。比如，一个正常的人用手取眼前的一件东西时，先用眼睛盯着要拿的东西，并不断目测手与该东西之间的距离，随时将偏差信息反馈给脑，脑不断地指挥手向既定目标运动。如果手伸高了，就让手向下运动，反之，手就向上运动，直到拿到东西为止。而如果是一位小脑受伤的目的性颤抖病人，则他的手总是在物体附近振荡而不能达到目标。由此可见，负反馈不仅是机器，而且也是人和生物系统稳定工作方式之一。

任何控制系统要保持或达到一定目标，就必须采取一定的行为。输入输出就是系统的一定行为。确切地说，行为是系统在外界环境作用(输入)下所作出的反应(输出)，即输入的变化所引起的系统输出的变化。系统的行为与目标之间经常会出现偏差，要认识和调整这种偏差，必须通过反馈，反馈使输出这个结果变为影响系统下一步输入的原因，在输入与输出，原因与结果的辩证转化中，使系统的行为趋向目的。

控制论的特点，还在于它特有的功能模拟和黑箱方法。控制论着重研究的是系统的功能，而不追究系统的其他特征。这就是说，它不深究“这是什么东西”，而是研究“它做什么”。所谓功能是指系统对外界环境作用(输入)作出一定反应(输出)的能力。功能模拟方法不求系统结构相同而只求系统的行为和功能相似的方法。比如，人脑和电子计算机虽然结构不同，但它们都具有逻辑运算的功能，用计算机进行人脑思维模拟就是功能模拟。计算机采用二进制“0”与“1”进行算术运算，或按“是”与“否”的逻辑规则进行逻辑运算，并在电路中采用“开”与“关”的技术装置来实现。在神经系统中，神经元有“兴奋”与“抑制”2种状态，神经脉冲的传递服从“是”与“否”的逻辑规则，也可用数学中二进制“0”与“1”来表示，这是计算机与神经系统的相似之处。因此，人脑的一些功能用计算机模拟是能够实现的。例如，模拟人的逻辑思维，已经实现了逻辑定理和几何定理的机器证明。

“黑箱”概念是维纳和阿什比提出的。黑箱就像一个既不透明又密封着的箱子，在研究它的时候，又不允许把它打开，不可能直接洞察它的结构。如要研究人脑，人们不能打开活人的脑子进行研究，只能把它看作是一个完全打不开的“黑箱”。控制论的黑箱方法，提供了一种不必打开黑箱就可以了解其内部结构，研究它的系统功能的方法。或者说，它是一种通过对系统外部行为的分析来探求系统内部结构的方法。例如，通过输入图像、电或声音信号，观测、分析脑电波的输出反应，研究人脑对视觉或听觉信息的传递、变换和处理功能，得知系统内部结构的细节，这就是一种黑箱方法。

黑箱方法不涉及复杂系统内部结构和相互作用的大量细节，而只是从总体行为上去描述和把握系统的。预测系统的行为，这在研究复杂的经济系统和社会系统时特别有用。一个社会系统由许多人组成，他们之间由于血缘、经济、政治、文化等原因而有着千丝万缕的联系。如果应用传统的分析方法，通过了解每一种联系而认识整个系统，研究工作量的庞大和复杂就会远远超出人的能力。采用“黑箱”式的输入输出模型只需要观察、研究几十个或几百个输入、输出变量，这个复杂系统就能成为我们有能力去进行定量研究的系统。

黑箱方法的目的在于使“黑箱”变成“白箱”。如果系统是可观测的，那么这个系统就称作“白箱”。白箱方法主要是研究系统的可观性和可控性，通过定量分析找出两者之间的关系，它是现代控制论的一个重要方法。

生物控制论：控制论诞生以后，立即出现了2个十分活跃的学科分支：一个是工程控制论，一个是生物控制论，这里我们介绍生物控制论。它是20世纪50年代逐渐形成的、专门应用控制论的一般原理去研究生物系统中的控制和通信过程的应用分支。维纳曾对生物控制论作了如下定义：“生物控制论的目的主要在于建立能反映人体和动物功能的模型与理论，而且这种模型与理论中的逻辑原理和有机体本身中起作用的逻辑原理是相同的。它也试图建立和生物系统有同样的物理与生物化学成分的模型。无论对生物学还是医学来说，生物控制论都给了它们一种新的、普遍适用的、能充分发挥数学威力的语言。”这个定义强调了建立功能模型在生物控制论研究中的重要地位。此外，它还强调了数学语言在生物控制论中的重要作用，从而把生物控制论与其他牵涉到研究生物系统调节控制过程的学科分支相区别。

生物控制论的基本特点是：①它对生命现象的研究，着眼于把生物系统作为一个由许多部分相互联结、相互作用并与外界环境相互作用，而且执行某种统一功能的整体。②生物控制论，主要着眼于系统各部分之间以及系统与环境之间的信息交换，即从信息的角度处理问题，而不去讨论生物系统的能量、物质组成及其理化特性方面。③生物控制论所着重的不在于描述生物系统的静态，而在于考察生物系统的动态系统过程，它更关心的是系统的行为和功能。④生物控制论在研究动态过程和功能时采取定量的方法。因此，它所用的语言是数学语言，常常采用类比和模似的方法，以形式语言建立起生物系统中信息与控制过程的定量规律。⑤与工程控制系统相比，生物系统通常被视为“黑箱”或“灰箱”，它又是非线性、有源的、分层次的“多级”系统，此外，它往往是多输入、多输出和多回路的系统。

控制论从产生之时开始，就注意到它在生物，医学方面的应用。小到分子水平的遗传生长控制，大到生物个体以至群体生态系统和物种的演化。不论是低等生物的简单反应及控制功能，还是高等动物乃至人类的高级神经活动，都可以看成是系统中的信息过程，都是通信和控制问题，因而都可以用控制论的理论和方法进行研究。生物控制论就是用控制论的方法研究生物体系和各种生理的自动调节和控制机理的。比如，用经典控制论的频率分析法分析血压调节系统的稳定性，用现代控制论的状态空间法分析甲状腺激素的控制调节系统等。用控制论研究生物控制的目的有 2 大方面：一方面是利用现代科学技术手段进一步研究和探究生物控制的机理和规律；另一方面是运用生物在亿万年的进化过程中所形成的极其灵巧、完善的控制方式，为工程设计提供丰富的思想源泉。如制造对运动物体敏感的蛙眼、能突出物体边缘的鲎眼等。人们不仅可以制造各种特殊的感受器，而且能够制造知觉器，制造模拟联想、记忆、条件反射和无条件反射神经活动机理的控制装置，甚至能制造具有自适应、自组织、自学习等性能的人工智能机器。

一般说来，生物控制系统都是相当复杂的。例如，人的神经系统大约包含有100亿个神经元(神经细胞)，每个神经元又与大约1000个其他神经元相联系。现代电子技术只能提供2000个左右的神经元的模型用以解释诸如记忆、联想、条件反射等比较简单的功能。生物系统一般都是极其复杂的多级结构的非线性系统，它有着自适应、自学习、自组织、自繁殖等完善的控制过程。为研究这些过程，除了需要先进的电子技术、计算机技术等近代工具外，还必须用控制论的研究方法。抓住信息过程这一本质，对各级系统按其相互联系和制约进行分析。这种研究已大大促进了生物学本身的发展，使我们有可能从定性发展到定量，从静态发展到动态，从而把握生物运动形态的规律，揭示其深刻的本质。

根据以上系统、信息和控制的概念，我们可以归纳生物体调节功能与控制过程的一般规律如下：

从系统论的观点出发，我们可以把生物体看成是一个开放的系统，生物体的各种调节功能看成是自动控制系统。

在用控制论原理分析人体的调节活动时，人体的各种调节功能在被认为是“自动控制”系统时，可将神经、体液或自身调节中的调节部分(如反射中枢、内分泌腺等)看作是控制部分；将效应器或靶器官、靶细胞看作是受控制部分，而将后者的状态或所产生的效应称为输出变量；在控制部分和受控制部分之间，通过不同形式的信号(化学或电的，以及其他形式)进行信息传递。信息就是指某种信号的量或序列包含的意义。

一个自动控制系统，必然是一个闭合回路，也就是在控制部分和受控部分之间存在着双向的信息联系，即控制部分有控制信息到达受控制部分，受控部分也不断有信息送回到控制部分。在不同的自动控制过程中，传递信息的方式是多种多样的，可以是脑信号(神经冲动)、化学信号或机械信号，但最重要的是在这些信号的数量和强度的变化中是否包含了准确的和足够的信息。在自动控制过程中，来自受控制部分的信息有重要的意义。由控制部分发出信息来改变受控部分的状态，这是控制和调节过程的一个方面。但仅有这一面，还不能完成调节过程：受控部分必须不断地有信息送回到控制部分，不断纠正和调整控制部分对受控部分的影响，才能达到精确的调节。来自受控部分的反映输出变量变化情况的信息，称为反馈信息。由于控制部分是根据反馈信息的量来纠正和调整它所发出的控制信息的量的，所以，反馈信息与控制信息之间必然存在着某种函数关系。控制论主要从数学的角度，研究控制过程中信息的传递、储存和转换，而不去注意这些信息的生物学和物理学含义，如图 21 所示。

人体的躯体运动与内环境稳态，都要依靠反馈信息对控制信息的纠正和调整作用，从而达到精确的调节。在人体的各种调节中，有一类调节是使人体活动按某一种固定的程序进行，达到某一特定目标。例如，各种骨骼肌的随意运动；另一类是使某理化特性保持在某一相对稳定的水平。以神经科检查中常用的指鼻试验为例，说明躯体活动的定向调节。正常人闭上眼睛也能够轻易地按照指定的程序抬起手来，用手指轻触前方目的物之后，再缩回轻触自己的鼻尖。他的动作可以十分稳定和准确。这就是因为在这一动作的进行过程中，上肢各部分肌肉

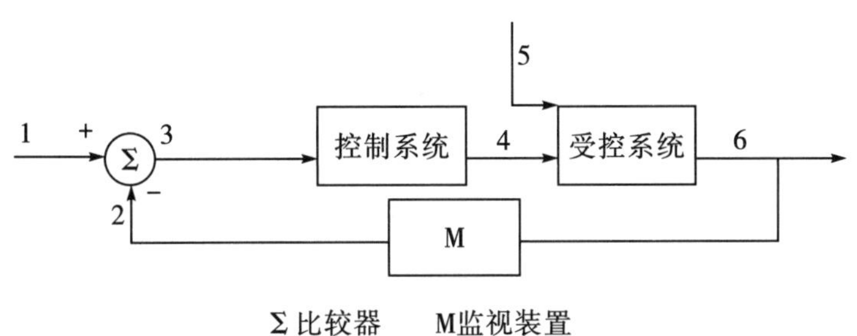

Σ比较器　M监视装置

1.参考信息　2.反馈信息　3.偏差信息
4.控制信息　5.干扰　6.输出变量

图21　自控系统摸型图

在不断接受中枢控制信息作出反应的同时，肌肉和关节发出反馈信息到达控制这一肢体运动的有关中枢，并与“指令”进行比较，随时纠正中枢传出的控制信息，使动作不致偏离预定目标。小脑损伤的人在做指鼻试验时，上肢抖动不已，手指可偏离鼻尖很远，这显然是由于调节过程中某些环节发生了障碍。

内环境稳态的调节，主要是指机体能在内外各种因素的干扰中仍保持内环境理化特性的相对稳定。以体温调节为例来说明。恒温动物的体温经常是在环境温度低于或高于体温的环境下维持稳态的，人的体温一般在37℃左右，而环境温度经常低于或高于37℃。这是由于体内有整套体温调节机制，可按自动控制的原理进行调节。现在认为下丘脑内有决定体温水平的调定点的神经元，也是对体内温度变化敏感的神经元，还有调节体内各种产热、散热过程的体温调节中枢。由调定点发出的“参考信息”，使体温调节中枢发出控制信息调节产热和散热过程。当体内、外某些重大变动使体温升高时，体温变化的反馈信息将在下丘脑内与参考信息进行比较，由此产生的“偏差信息”使体温调节中枢发出的控制信息相应地发生改变，导致产热减少而散热加速，于是使体温回降。

在上述体温调节的例子中，体温升高产生的反馈信息所引起的作用是纠正控制信息，使体温回降。在这一自动控制的系统中，反馈信息的作用与控制信息的作用方向相反，因而可以纠正控制信息的效应。这一类反馈调节称为负反馈。躯体定向运动中的反馈调节也属于负反馈。

人体还有一些过程，一旦发动起来就逐步加强、加速，直至完成，如排尿、分娩、血液凝固等。在调节这一类过程的控制回路中，从受控部分发出的反馈信息不是制约控制部分的活动，而是促进与加强控制部分的活动，所以称为正反馈。负反馈控制的功能是维持平衡状态，因而是可逆的过程；正反馈控制的过程则是不可逆的、不断增强的过程。

已经证明，负反馈调节是维持稳态的重要途径，但这种调节方式是有缺点的。因为只有在输出信号出现偏差以后，负反馈调节才发生作用，所以总要滞后一段时间才能纠正偏差，而且易于矫枉过正而产生一系列波动。负反馈机制对偏差的敏感程度愈高，则波动愈大；愈不敏感，则滞后愈久。然而在健康的人体，各种功能都能在体内外多种因素不断干扰的情况下，较好地保持稳态；这一方面可能是由于人体各种控制“元件”的性能优于人造的部件，另一方面很可能还存在其他的控制方式参与稳态的维持。近来发现，干扰信号作用于受控部分引起输出变量改变的同时，还可直接通过感受装置作用于控制部分。这就有可能在输出变量未出现偏差且引起反馈信息之前，即可对可能出现的偏差发出纠正信号。干扰信号对控制部分的这种直接作用称为前馈，如图 22 所示。前馈显然可以避免负反馈所具有的波动和滞后 2 项缺陷。如当人们进行冬泳锻炼时，在脱了冬装准备跳入尚有一些浮冰的水中以及刚进入水中时，人体内的温度还没有降低，但由于刺激皮肤的冷感受器而产生的信息已触发了中枢神经系统内的体温调节机制，从而增加产热和控制散热以保持体温相对稳定。甚至在进入泳场更衣室开始换装时，泳场环境产生的各种视觉、听觉刺激，就已通过条件反射的方式发动体温调节机制了。这些都是前馈的表现。关于前馈的原理，目前所知不多，但必然比负反馈更加复杂细致，例如监视干扰情况就需要很多不同类型的感受装置，因为干扰的性质是多种多样的。

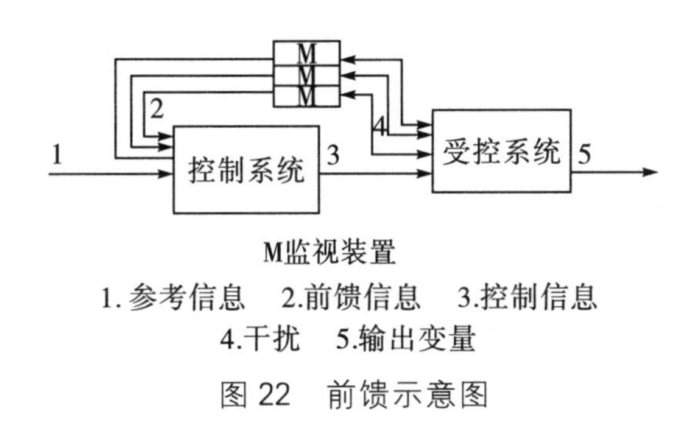

M监视装置

1. 参考信息　2.前馈信息　3.控制信息

4.干扰　5.输出变量

图 22　前馈示意图

第二节　数学分析

一、基本分析方法

1. 系统科学方法

系统科学方法是指系统科学的方法论，其特点是具有整体性、定量性和综合性。例如，在研究大系统时，对每个子系统的着眼点不在于看它们各自最大可能发挥的作用，而是着眼于它们保证整个系统最有效地运转的功能；数学是系统方法必不可少的工具，通过建立联立微分方程组的形式来描述系统的动态特性；系统方法综合运用各领域的科技成果，包括科学方法论的成果，并促进自身的发展。

系统工程研究系统的主要方法是建立数学模型，用变量描述系统的运动状态，用数学方程定量地反映变量间的联系，用递推方法描述状态发展趋势，找出影响事物发展的因素。美国科学家霍尔把系统工程归结为一个三维结构。系统工程是把死的东西当做活的东西来看待的，所以它有生命周期，时间维就表征了这个思想。时间维的Ⅰ代表规划；Ⅱ代表计划阶段；Ⅲ代表开发；Ⅳ代表生产；Ⅴ代表分配阶段；Ⅵ代表分配；Ⅶ代表这个工程到了老年阶段应该退役。逻辑维的 1 代表弄清问题；2 是价值系统设计；3 是问题综合；4 是分析问题。这里是先综合后分析；5 是代表综合分析之后提出若干不同方案，并把方案排一个队，提出一个优劣序次；6 是问题的决策阶段；7 是把问题付诸实现的阶段。知识维中 a 代表工程领域的知识；b 是代表医学的知识，医学比工程要复杂得多，在 b 的上面，意识形态思维方面的分量就更多了，其中有法律方面、心理方面以及整个社会科学领域甚至艺术的知识。在处理系统工程问题时，三维是相互交叉的，比如时间维的计划、规划阶段就要经过逻辑维的 7 个阶段。如图 23 所示。

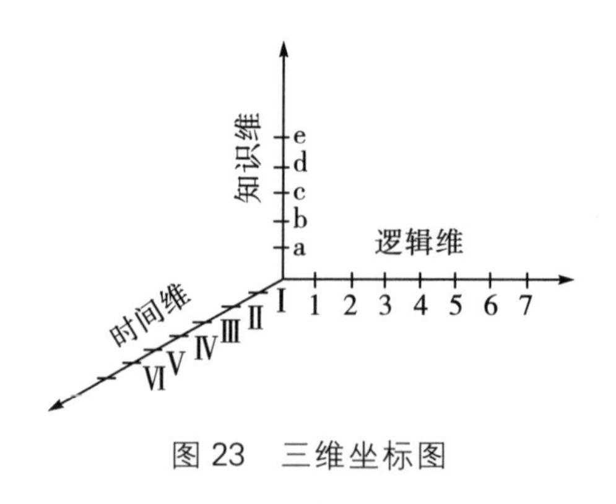

图 23　三维坐标图

系统工程提出了一套分析复杂的系统，寻找使系统达到最优目标的程序，它为分析系统、确定系统目标、建立模型、使系统优化等提供了有规则的步骤。这种程序化方法使研究者能够专注于主要问题进行创造性思维，也使不同研究者的工作有了更多的可重复性和可比较性。

2. **申农信息量公式**

在4.1中我们提到申农大胆地摒弃了机械决定论，全面地采取了统计学观点，给出了度量概率信息的数学公式。

我们知道，通信的作用就是提供信息以消除通信者在知识上的不定性，而不定性是与“多种结果的可能性”相联系的，在数学上，事物出现可能性大小是用概率来表示的。申农和维纳从数学上证明，某状态 x_i 的不定性数量或所含的信息量为：

$$h(x_i)=-\log_2 P(x_i)\quad (i=1,2,3,\cdots n)$$

由上式可知，若 $P(x_i)=1$，则 $h(x_i)=0$，$P(x_i)=0$。
则 $h(x_i)=\infty$。这就是说，某一状态的发生越是出人意料，它的信息量就越大。整个系统各个状态所含有的平均信息量则为：

$$H(x)=\sum_{i=1}^{n}P(x_i)h(x_i)=-\sum_{i=1}^{n}P(x_i)\cdot\log_2 P(x_i)$$

这就是著名的申农信息量公式，申农的信息概念只与概率有关，因此也称概率信息。公式中的对数以2为底，$h(x_i)$的单位为1比特/状态。当 $n=2$，且 $P_1=P_2=\frac{1}{2}$时，$H(x)=1$ 比特。由此可见，一个等概率的2中择一事件具有1比特的不定性。所以，可以把一个等概率的2中择一事件所具有的信息量定为信息量的单位。任何一个事件能够分解成 n 个可能的2中择一事件，它的信息量就是 n 比特。如果式中对数取 e 为底，则信息量的单位称为奈特；若对数以10为底，则信息量单位称哈特莱。这些不同的单位可以互换。

最后补充说明一点，在物理学中，不定性的大小可以用“熵”去度量。“熵”表征一个系统无序(或紊乱)的程度，高熵对应着无序态，低熵对应着有序态。信息是一种被消除了的不定性，所以信息可以看作是“负熵”。

3. **控制论模型**

控制论提供了一类称作反馈模型或控制论模型的模式。控制论模型为研究复杂的系统开辟了一条道路，运用它能相当好地模拟这些系统的行为，说明许多生物现象的机制。

一般的控制模型如图 24 所示，这个模型适用于一般的生物控制系统。控制系统实质上是一个反馈控制系统，通常由检测、信息处理、控制执行和效果检验机构组成。反馈控制的基本过程是，被控输出经效果检测机构回授到输入端，与标准量或输出要求值比较，得到误差信号，误差信息再经信息处理机构输出控制信号或指令，对输出量加以控制。生物控制系统的情形也大体如此。例如，人穿针引线，细线头与针孔相对位置变成信号，通过眼睛(信息检测机构)进入神经系统再送给大脑(信息处理机构)，大脑对这些信息处理后，发出相应的指令，神经系统把这指令传递给手(执行机构)，于是，在大脑的控制之下，手产生某种运动。这时，眼睛又把运动的效果回报给大脑，如果运动的结果使线与针孔的相对距离缩小了，大脑就指挥手继续前进；如果这个相对距离变大了，大脑就要重新控制手的运动，使它朝缩小这个相对距离的方向运动。如此不断循环，直至最后到达目的。由此可见，实现控制的一个重要措施就是通过信息的反馈把系统的现时运动趋势与它的历史控制效果有机地联系起来，从而达到控制的目的。此外，我们还看到，输入到控制系统的目标信息和效果信息都是随机变化的东西，系统中各个环节存在的噪声干扰，也具有某种随机性质。因此，控制作用绝不可能一次完成，而必然要作为一种过程来演进。为了达到最终的控制目标，必须不断地将前一控制过程的“效果”及时反馈回来。作为一种补充的信息输入系统，并根据最终的目标和先前调整过程的效果来调整后面的控制过程。在这里，信息的反馈仍是个重要问题。控制系统要求反馈机构灵敏而且稳定，如果不灵敏，就不能及时跟上目标的变化；而过分灵敏，又容易受到无用信息干扰。如果反馈不稳定，甚至形成振荡，则整个控制过程将“发散”，最终归于失败。例如，穿针引线，开始时线头的位置在针孔之上，反馈机构把这个“误差信息”报告给大脑，大脑对手中的线头位置进行调整，如果系统处于正反馈状态，控制的结果可能使线头离针孔越来越远；若系统处于振荡状态，则手中线头的位置将在针孔上下来回摆动而达不到目标。总而言之，在控制论中，对系统的控制和调节不是通过物质和能量的反馈来实现的，而是通过信息的反馈来实现的。

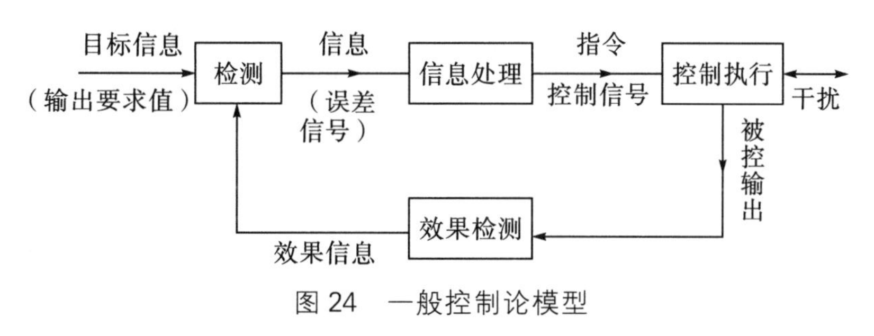

图 24　一般控制论模型

人类的认识过程就是一个反馈控制和调节的过程。人们接触的现象是信息源泉，感官起检测信息的作用。感官产生的反应通过神经系统传送给大脑，然后，经过大脑对信息进行加工处理，作出判断和发出指令，又通过神经系统把指令传送给执行器官，产生相应的控制作用，感官再把控制的效果作为新的信息反馈给大脑，大脑作出修正调节的控制，如此反复，直至达到目的。反馈控制原理科学地回答了人类实现认识上的第一飞跃和第二次飞跃的过程，有力地支持了辩证唯物主义的认识论。从控制论观点看，决策的过程既是信息反馈的过程，又是智能控制的过程。决策的第一步是获得信息，即搜集情报，听取意见。但是，这并不意味着信息越多越好，因为在大量的信息中往往夹杂着各种噪声或干扰，需要花精力去分析和筛选，即在获取信息的过程中包含着信息的过滤。决策的第二步是选择方案，这更需要发挥决策者(智能控制器)个人和集体的才能与智慧。在特定情况下，还要“当机立断”，以免错失良机。决策的第三步是下达指令，采取管理行动，控制管理对象。各种控制作用取决于人脑思维或集体研究的决断，所以是一种智能控制。同时，这种控制又是反馈控制，也是对决策正确与否的检验。因此，不仅要有得力的执行机构，还要有严格的检查机构才能反映决策的效果、问题、得失与成败，从而影响决策者的再决策。有人认为，似乎有了检查机构、顾问团，就一定能形成信息反馈，这是一种误解。假如这些检查、监督机构所反映的意见不能影响决策者，那也只能形同虚设。用控制论语言说，这就是检测器与控制器没有耦合，是开环控制，不是闭环的反馈控制；如果决策人是官僚主义者，下情不能上达，这也是一种开环控制，都不能达到决策目标。决策科学化就是我们常说的智能控制，智能控制过程也是一种信息负反馈过程，这和我们坚持的“从群众中来，到群众中去”“集中起来，坚持下去”的原则是一致的。

控制的目的不仅在于使系统稳定工作，也是为了达到系统的目标。为了实现系统的目标，需要有许多相互协调的、有效的控制方法。这里包括控制的多样性和有效性的问题。控制的多样性是常见的现象。例如，对宇宙飞船，有地面控制、船上驾驶员控制和自动控制。人体的控制，一部分通过思维，通过大脑神经中枢，这是自己可以感知的；另一部分通过自主神经系统(植物神经系统)，甚至还有一些人体的自控机制，如靠某些物理、化学作用的控制而不通过神经系统。如果没有很多巧妙的自主控制，一切都通过大脑思维，人就很难应付复杂多变的环境而生存下去。所谓控制的有效性是指有助于实现系统的目标。经济系统十分复杂，对它的状态和变化机制很难作出完善的描述和解释，这适用于“黑箱”概念。我们不知道箱中的情况，但是我们可以做试验，输入什么信息流、物质流就会输出什么信息流、物质流。掌握了输入、输出之间的关系，我们就能控制这个经济系统，使之达到我们的目标。如果忽视经济规律，单纯依靠行政手段管理经济的办法，误差信息不能顺利反馈，无法进行合理的调节，就使系统处于不稳定状态；或者虽有反馈，但反馈通道太少，造成信息失真，以致作出错误的决策，破坏经济系统的平衡与稳定；更有甚者，如果决策人听喜不听忧，而某些管理者投其所好，虚报成绩，多次反复，形成正反馈泛滥，使其系统无法稳定，偏离原定目标越来越远。因此，为了保持系统的稳定性，必须研究控制系统的内在规律，广泛使用负反馈手段，滤除噪声，提高反馈信息的保真度，确保系统朝着预定的目标稳定均衡地发展。

二、个体的调节与控制

对于个体的调节与控制，这里我们用 2 种不同的数学方法给予举例介绍：

1. **数学分析的基本概念**

在自然界中，每种植物都有特殊形式，这直接说明对生长所需底物的分配存在某种控制。组合的方式可以转化为数学术语。

有机体内部生长关系最初曾有人用蟹的体重和螯的大小得到证明。依据不同器官的最后大小或生长率的比较，出现的相互关系取形式为 $y=bx^k$，这里 x 和 y 是生长参数。例加，重量或线性尺度，而 b 和 k 是常数。

在高等植物中同样的关系存在于不同器官的相对大小或内部大小之间。例如，苗对根重量比率，叶子长度对宽度，葫芦果的直径对长度，甚至于柑橘属植物的荆棘干重，同剩余部分之间。

这些生长的内在关系可分析如下：如果 $y=bx^k$，那么 $\ln y=k\ln x+\ln b$。x 和 y 2 个变量的对数曲线得到一条直线，如图 25 所示。在这种情况下，生长被称为异速生长，并且这种数曲线的斜率被称为异速生长系数。然而，这个系数为生长模型的定量比较提供了基础。

如果我们现在把上图 25 发展为方程式就能用更基本的方法观察到生长的内部之间的相互关系。常数 k 代表斜率，而 b 可以从 $\ln x=0$ 时由纵坐标上的截距获得。如果现在将方程式求微分，则 $\ln y=k\ln x+\ln b$ 变为 $\frac{\mathrm{d}y}{y}=k\frac{\mathrm{d}x}{x}$；就时间而论：

$$\frac{\mathrm{d}y}{y}\mathrm{d}t=k\frac{\mathrm{d}x}{x}\mathrm{d}t。$$

这些术语是对前面指数生长表达的回顾，实际上代表了我们最初方程中的 2 个部分(x 和 y)的相对生长率，因为要发生异速生长，被调查的 RGR 的 2 个参数之间必须是恒定的比率。

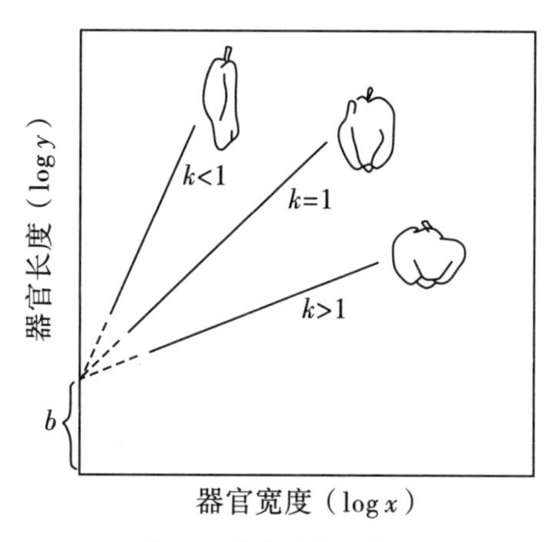

图 25　器官生长分析图

对于整株植物水平的综合生长同样服从于数学分析，有人提出了营养生长的复杂模型，并系统地阐述了描述稳定状态指数生长的方程式。在作了详细的数学讨论之后，断定对于这种指数生长的植物，根和苗的总活动性彼此成常数比率。这样一种内部关系是异速生长的特征，前面已描述过。对于植物对环境条件改变是怎样反应这个问题，有人认为整个植物干重 W 可以分到 2 个系统里去，光合作用的 F 和非光合作用的 C。在生长时期里，$\frac{C}{F}$的比率自然是同化以及随后的分配的后果，并能用普通的公式描述：

$$F=f(W)\text{和}\ C=C(W)=W-f(W) \tag{1}$$

这个$\frac{C}{F}$的比率不能认为与至今的生长概念无关，因为 NAR 可以用包含$\frac{C}{F}$比率的形式来表达如下：

$$NAR=(p-r)-\left(\frac{C}{F}\ \frac{F}{F}R\right) \tag{2}$$

p 和 r 分别代表光合作用和呼吸作用速率，以致 $p-r$ 代表每单位叶面积所固定的净 CO_2，C 是非光合作用器官的干重，R 是它们的呼吸率，F 是叶子干重，$\overline{F}$ 是叶面积。也有人称为 δ 的分配率，定义为对 $f(W)$ 的微分，变为

$$\frac{\frac{\mathrm{d}F}{\mathrm{d}t}}{\frac{\mathrm{d}W}{\mathrm{d}t}}$$

这一术语(δ)现在可以用来分析植物对环境条件的反应。光强度提供那样例子。遮阴植物经常发展出较大的叶表面，并且有较高的 LAR 值。这些数据给我们的表面印象是，比较多的光合产物转移到叶子生长，也可以说这些叶子是用来补偿光合作用的降低。用分配 δ 分析，说明严重的对立情况发生，如图 26 所示。虽然在遮阴条件下 LAR 必然较大，但叶子实际上比较薄，从干物质分配的观点看，遮阴向日葵把较多的物质转移到非光合作用组织里，这种趋势随年龄而增强，因此，δ 随干重的增加而降低，如图 26 所示。应该强调 δ 是测定 $\frac{C}{F}$ 的比率的基础，因此是测定生产率的基础，亦可作为耐阴的指数。向日葵是不接受耐阴条件，正如所指出的那样，δ 随遮阴而减小，特别是随年龄增加而减小，即随干重的增加而减小。相反，绿豆的 δ 不变。表示它能忍受遮阴，并且表明同化物分配不受遮阴的影响。

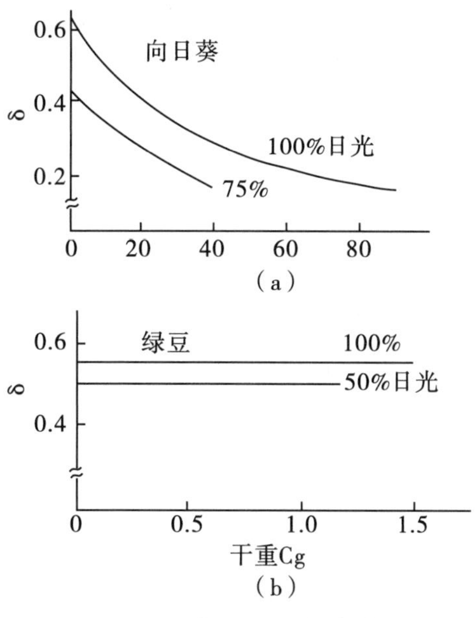

图 26　向日葵、绿豆光合作用图

2. 调控的单种群模型

前面第三章第二节中的$\frac{\mathrm{d}N}{\mathrm{d}t}=r\frac{N(k-N)}{k}$和$\frac{\mathrm{d}N}{\mathrm{d}t}=NF(N)$模型是描述种群在自然环境下增长的规律的模型，这些种群没有受到人类的开发。例如，在渔业中，方程$\frac{\mathrm{d}N}{\mathrm{d}t}=NF(N)$只描述鱼在自然环境下生长的情况，没有考虑到人类的捕捞，如果把人类的捕捞因素考虑进去，则模型就要作相应的修改：

(1)具常数收获率的单种群模型

$$\frac{\mathrm{d}N}{\mathrm{d}t}=NF(N)-h \tag{1}$$

其中 h 为常数，是收获率。例如养鱼，在一个自然区域中养鱼，而每年(单位时间内)规定捕捞 h 条鱼，则可用形如(1)式的模型来描述鱼类的生长情况。如果 h 不是常数，而是与 N

成比例的数量，则有模型：

$$\frac{\mathrm{d}N}{\mathrm{d}t}=NF(N)-hN \tag{2}$$

这种模型也常常用来描述用农药来灭害虫的效果，其中 N 表示害虫的密度，而 h 表示喷洒农药的药量，显然单位时间中杀死害虫的数量与害虫的密度成正比。如果收获率与时间有关，则有具时变收获率的单种群模型。

(2)具时变收获率的单种群模型

$$\frac{\mathrm{d}N}{\mathrm{d}t}=NF(N)-u(t) \tag{3}$$

或

$$\frac{\mathrm{d}N}{\mathrm{d}t}=NF(N)-u(t)N \tag{4}$$

对于方程(1)到(4)除了要研究它们的平衡位置及其大范围稳定性和特征返回时间外，还有一些具体的问题需要研究。例如使用农药来除害虫，我们用(4)式来描述。害虫的密度变化，这里使用的农药量是随时间而变化的。在农业上常常要求在规定的时间内，使害虫的密度下降到不损坏农作物生长的数量，而且要求使用的农药尽量少。写成数学问题即：

状态方程：$\frac{\mathrm{d}N}{\mathrm{d}t}=NF(N)-u(t)N$

初值：$N(t_0)=N_0$

条件：$0\leqslant u(t)\leqslant b$

终点：$N(T)=1$

目标：$\min\int_0^T[CN(t)+u(t)]\mathrm{d}t \quad (5)$

也是就是说在允许控制中找出最优控制，使得目标函数值达到最小，这里 C 是常数，$u(t)$是喷洒农药量，$N(t)$是害虫密度。

在渔业生产中也提出了类似的有趣问题。我们知道，并不是在一年中把鱼都捕捞干净，鱼的产量最高，而要考虑怎样控制每年的捕鱼量，才能有利于鱼的繁殖，使得在一定的时间内，例如10年、20年，鱼的产量为最高。若我们用方程(3)来描述，则渔业生产中这个问题的数学提法为：

状态方程：$\frac{dN}{dt}=NF(N)-u(t)$

初值：$N(0)=N_0$

终点：$T=\text{const}$，$N(T)\geqslant a$

条件：$0\leqslant u(t)\leqslant u_{\max}$

目标：$\max\int_0^T u(t)dt$ (6)

这里 T 就是上面所说的10年、20年，要求是不破坏鱼的正常繁殖，即要求 $N(T)\geqslant a$，也即要求鱼的数量仍保持一定。这里我们是以总捕获量最大为目标的。如果考虑的是经济效益指标，则目标函数可以改为赚得的经济收入总数：

$$J=\int_0^T e^{-\delta t}\left[V-\frac{C}{N(t)}\right]u(t)dt \quad (7)$$

这里 v 是单位重量鱼的价钱，δ 为当时的竞现率(因为会有损耗)，$\frac{C}{N}$ 为捕捞单位重量鱼的平均费用(成本费)。

以上所说的捕渔业是属于严格计划经济情况的，但有时并不是这样，而是属于公共的水域，各条渔船均可任意捕捞。捕鱼量的多少，只受价值规律来控制。捕鱼赚钱多，捕鱼者自然增加，捕鱼量也就随之增多；可是鱼多了，价钱就要下降，这样一来，捕鱼又没有什么钱好赚。因此鱼的密度和捕鱼能力之间是一个自反馈控制，因而不加管理的捕鱼模型为：

$$\begin{cases} \dfrac{\mathrm{d}N}{\mathrm{d}t}=NF(N)-EN \\ \dfrac{\mathrm{d}E}{\mathrm{d}t}=kE(pN-c) \end{cases} \tag{8}$$

这里 $N(t)$是鱼种群的密度，$NF(N)$是鱼种群的自然增长率，$E(t)$是当时的捕鱼能力，p 是捕鱼单位重量鱼所得到的报酬，c 是单位能力所付出的代价(成本费)，c、k 均为正常数。

如果考虑的是公海捕鱼，这个水域被几个国家所开发，而每一个国家都有自己的价格和费用，这时渔业动力学的模型为：

$$\begin{cases} \dfrac{\mathrm{d}N}{\mathrm{d}t}=NF(N)-(E_1+E_2\cdots+E_m)N \\ \dfrac{\mathrm{d}E_i}{\mathrm{d}t}=k_iE_i(p_iN-c_i) \quad i=1,\ 2,\ \cdots,\ m \end{cases} \tag{9}$$

这里 k_i，p_i 和 c_i 是正常数，意义如前。

最后，我们再讨论一种调控单种群模型。

前面第三章第二节中我们所述的 Logistic 模型考虑的调节因子为$1-\dfrac{N}{K}$，它是与瞬时密度有关的调节机理，但在大多数实际情况中，这种调节效果应会有某种时迟，即有滞后时间 T(一般是一代种群的平均年龄的大小)，这样 Logistic 方程变为：

$$\frac{\mathrm{d}N}{\mathrm{d}t}=rN(t)\left[1-\frac{N(t-T)}{K}\right] \tag{10}$$

也就是说时刻 t 种群的增长率不仅与时刻 t 时的种群的密度有关，而且与在此以前的时间 T 的种群密度有关($T\geqslant 0$ 是一个常数)。但在有的情况下，这个密度增长率与过去所有时间的种群密度都有关系，这种情况下，具有时迟的 Logistic 方程变成：

$$\frac{\frac{\mathrm{d}N}{\mathrm{d}t}}{N(t)}=b-aN(t)-\mathrm{d}\int_{-\infty}^{t}N(s)K(t-s)\mathrm{d}s \tag{11}$$

这里 $K(t)$称为核函数。在实际中常用的 2 种简单的核函数为：$K(t)=e^{-t/T}$，称为弱时迟核函数，这时，Logistic 方程为：

$$\frac{\mathrm{d}N}{\mathrm{d}t}=N(t)\left[r-cN(t)-w\int_{-\infty}^{t}\mathrm{e}^{-a(t-s)}N(s)\mathrm{d}s\right] \quad (12)$$

另一种是 $K(t)=t\exp\left(-\frac{t}{T}\right)$，称之为强时迟核函数，这时，Logistic 方程为：

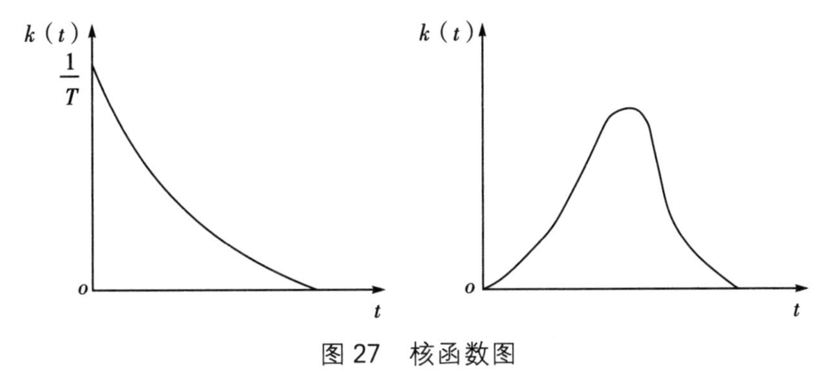

图 27　核函数图

$$\frac{\mathrm{d}N}{\mathrm{d}t}=N(t)\left[r-cN(t)-w\int_{-\infty}^{t}(t-s)\mathrm{e}^{-a(t-s)}N(s)\mathrm{d}s\right] \quad (13)$$

关于一般的非 Logistic 模型有：

$$\frac{\mathrm{d}N}{\mathrm{d}t}=-\mathrm{d}N(t)+F[N(t-T)] \quad (14)$$

以及

$$\frac{\mathrm{d}N}{\mathrm{d}t}=\left\{k+\int_{\tau}^{T}\psi[N(t-a)]\mathrm{d}s(a)\right\}N(t) \quad (15)$$

三、群体的调节与控制

群体的调节与控制是我们整个研究中最有实际意义的问题。因为，直接为人类提供营养物质和工业原料的都是生物的群体。

1. **数学分析的基本概念**

单株植物的生长可以依据单位时间干重的增量作为叶面积的函数，即以 NAR 进行分析。但群体或作物的生长不能用相同的术语适当地描述，因为除了 NAR 以外的一些因素对于决定总的干物产量是有帮助的。甚至在广阔的空间，产量不是必然与 NAR 发生关系的。因为，高的光合作用活动性容易被低的 LAR 所抵消。对于植物的生长来说，通常叶面积比个别叶子的光合作用的能力更起决定作用，以致叶面积的有效曝光成了关键。高密度使每单位土地的面积上产生了较大的叶面积，因此有较大的生产潜力。但由于相互遮阴，个别叶子的光合作用速率倾向于降低。因此，覆盖密度和 NAR 相互作用将决定总产量。为了分析这些情况，我们需要参数(定量地描述群体水平上的生长和叶子密度的参数)。

对于作物生长分析，我们知道个体植物的 RGR 是：

$$\frac{1}{W}\cdot\frac{\mathrm{d}W}{\mathrm{d}t}，这里 W=总株植物干重$$

而 NAR 是$\frac{1}{A}\cdot\frac{\mathrm{d}W}{\mathrm{d}t}$，这里 A=叶面积

以此类推，作物生长率(CGR)规定为$\frac{1}{L}\cdot\frac{\mathrm{d}W}{\mathrm{d}t}$，这里 L=土地面积。

CGR 代表在一定时期内单位土地面积上群体的总干物产量。纯粹数字即叶面积(一面)对土地面积的比率来表示群体的光合作用覆盖，并把这种比率称为叶面积指数(LAI)。这个概念是对任何群体生长或光截取分析的基础，特别是对于个别叶子性能(NAR)分析的基础。因为 LAI 仅仅是$\frac{A}{L}$比率，LAI 成了 NAR 和产量之间的连接点，因为 CGR=NAR×LAI。

LAI的概念应用于密集生长的农作物，有良好的效果，并且通过固定面积的样方中所获得的全部材料，测定总的叶面积和叶面积有关的土地面积．实验地测定LAI，方法虽然可靠但是费力。有人曾提出了一种替代法，用倾斜的点样方测定LAI。传统的草地分析法，是使长竿(点样方)穿到草地里，并且把每根竿子所通向土地途中的接触点记载下来。今天人们修改了这个方法，采用了倾斜竿，并且在2个倾斜角里操作(13°和52°)。加上两角接触的平均数，造成某种校正后便得到LAI，误差为±2%。总体来说，这种推导的关系是LAI≈ $0.23L_{13°}+0.78L_{52°}$，这个公式使在田野中测定LAI，既敏捷又无破坏作用。

在连绵的植物覆盖下，即在稠密的作物生长地上，LAI值在1～8，在太阳辐射对生长明显地强加限制的地方(底层的群体)LAI值通常接近1，而落叶森林LAI可能发展到接近于8。当生长不受其他外界因素所限制的地方，叶绿体将以最大限度地利用全部有效阳光，总叶面积(相对于土地面积)要达到这种情况，叶子排列比个别叶子的光学性质更有决定作用。在覆盖内的消光与LAI的关系比植物丛内叶绿素"浓度"的关系更密切，因为叶绿素含量的变化对总的光学性质影响极小。

如果落在作物上的全部太阳辐射被进行光合作用的植物组织有效地接受，每单位土地面积上的最高产量也就会得到保证，因为作物生长率是同净化率和叶面积指数的乘积，所以当这些项目达到最大时就得到最高产量。CGR显得密切依赖于LAL。对于植物群体，必然有一个最适宜的LAI存在着。如LAI增加，相互遮阴程度必然会加强，以致NAR在一定时期开始下降。达于一点继续增加叶子面积，即是说更大的LAI，已不再能抵销由于有效照明进一步减小，非光合作用组织所产生的呼吸消耗的比例占优势而引起净光合作用的降低，在这时期已经超过最适 LAI。在较高的 LAI 时，群体仍然增加重量，但增加的速率减慢。

在决定 CGR 和 LAI 之间的关系中，包含着光强度和植物形态结构 2 个因素。对于一定品种在 LAI 本身随光强而增加时，CGR 达到最大值，当超过最适 LAI 时，由非光合作用组织的呼吸消耗开始呈现较大的重要性。即$\frac{C}{F}$的比率已增加到这样一点，因为密集植物的库，需求(C)比供源能力(F)大得多，生产率受到不利影响。

净同化率同样必然会对 LAI 的增加发生反应，但效果是依赖于植物的形态。

叶子的方向具有较大的重要性，因为具有垂直方向叶子的植物群体能很好地利用散射和直射 2 方面的光，并且在充分地截获直射日光以前，比那些多少带有水平叶的群体，可以达到更大的 LAI。

最后应强调覆盖形状和叶子方向对于光利用的重要性。这说明干物质生产可以因同化系统的习性而异，甚至当叶面积或光合作用效率没有差别的时候。

对于生物群体在微气象方面，虽然自然小气候以无秩序地改变它的物理参数为其特征，但总的方式是可以辨认的。气象学家能够把近乎地球表面热和动量的交换与湍流混合速度联系起来，因为植物群体对 CO_2、O_2、水蒸气和热的交换依赖于湍流的转移过程，因此，微气象学家们利用了这些相同的原理。

当叶子截获了太阳辐射时，它充当了蒸发水分的热源(潜热交换)，而依次温暖了周围的空气(感热交换)。晚上，叶子作为热库以长波辐射的形式失能。植物群体和周围大气之间净

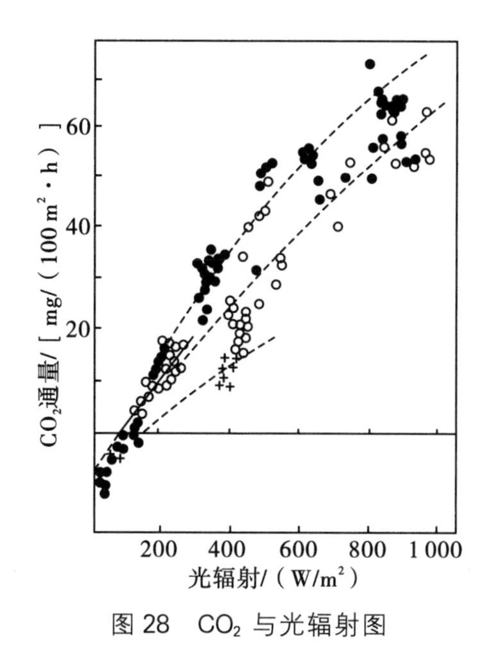

图 28　CO_2 与光辐射图

热交换（或某些其他物理性质）是受湍流混合所支配，用一个简单的方程式描述净热交换的垂直流量：

$$\text{流量强度 } q = \text{扩散性系数 } k \times \text{梯度} \frac{\mathrm{d}c}{\mathrm{d}z} \qquad (1)$$

这里，$\frac{\mathrm{d}c}{\mathrm{d}z}$代表浓度随高度而变化。空气的速率，与水蒸气和温度梯度分别成比例。通过测量植被的净辐射流量，加上温度和水蒸气梯度便能够计算热交换和水蒸气交换，完成能量预算，这样来估计 K 值。一般认为，测量 K 最好的方法在稍微稳定的风下进行热的预算，然而在适度稳定的风下，动量预算法是最容易成功的。

群体结构对植物小气候有深远影响，由于它影响通风和空气移动。湍流的扩散系数 K，如同用于热、水蒸气、CO_2 和氧气的 K 一样是关键性参数。群体的光合作用 P 甚至是由下述表达式获得：

$$P=-K\cdot\frac{dc}{dz} \quad (2)$$

2. **群体的数学模型**

模型是以简单地书面形式论述的概念，即关于操作思想体系的正确叙述。物理学家长期以来用这个方法预报还没有经过检验的条件。例如，他们知道电子的性能，则完全能够通过简单地把组分排列于模拟计算机的方法来模拟真正的系统。但是，生物学模型是有不同性质的，因为高等植物能够展示出范围广泛的各种行为，而且我们关于生物原理的了解比起物理学来说还在初级阶段。当然，生物学模型也有一定长远的发展历史。例如，孟德尔关于甜豌豆的颜色遗传实验最终导致了基因概念，等于一种模型。同样，酶的作用和核酸的复制可以用模型系统来进行有效的描述。

关于生理学环境领域的数学模型的迅速实现，是与数据的快速获得和处理同时发展起来的。在任意大小的实验中，关于环境条件和植物反应方面无数件书面资料必须收集和处理，高速度运算的计算机使其成为可能。

例如，在简化各项以后，由任何作物所获得的干物质 Y 是时间 t 和有效光合作用(净 P)的函数。即

$$Y=\int_{t_1}^{t_2}(\text{净 }P)\quad dt \quad (1)$$

作为主要起作用的过程的净光合作用在所有模型中代表产量。所有这些模型的中心意题是对群体生产率提出现实的估计，当光作用不受水分和营养供应的限制或不利温度的约束时；即把产量看作主要由太阳能来决定。

例如，如果在实验室条件下测定单个叶子而获得光合作用的光反应曲线，那么，同样品种的群体所固定 CO_2 可以由叶

的分布和覆盖内光辐射气候来估计。

对于单个叶子光合作用的光反应曲线，使用包含直角形的双曲线的几种函数更适合。

$$P=\frac{P_{\max} I}{I+K}-R \tag{2}$$

这里 $P_{\max}$ 是光饱和时的光合作用值；I 是光强；R 是呼吸消耗；K 是常数，就是在 $P_{\max/2}$ 时等于 I。蒙特依据光化学效力和扩散阻力发展出一个替代的表达式，它更适用于正在进行光合作用叶子的模型。按照蒙特表达式，在光强为 I 时，光合作用速率 P 是符合于公式 $P=(a+\frac{b}{I})^{-1}$。$\frac{b}{I}$ 项实际上是光化学的阻力，这个阻力意外地显出一致性，在广泛范围植物品种中，大约在 30 千卡/g 左右。其他可变量 a 是对 CO_2 总的扩散阻力成比例。

预报模型的其余组成部分，即植物群体内部光辐射气候是难以严密精确地确定的，由于能量来源波动，如天空的漫散光线，太阳角度的变化，叶子的反射性，和间断的太阳光斑。光随着深度而衰减，有些类似于 Lambert - Beer 定律，但在蒙特的两项式表达中描述得更精确，表达式涉及覆盖时，用叶子的连续层次表示。对位于第 n 叶层时：

$$\frac{I_n}{I_0}=[S+(1-S)T]_n \tag{3}$$

这里 S 是总的入射光线中没有被阻截的那一部分，T 是叶子的平均传递系数。

有这些关系，蒙特能够计算连续的叶子层总光合作用的活动性，然后用求和法得到整个植物群丛的值，以后做了一系列计算连续地接近于不变，得到了实际测量和预报之间合理的一致。也有人将发表的一些数据已经与植物群丛的几何状态和

LAI 结合在一起，作了讨论。

进一步改进蒙特的模型使得预测和实际观测之间达到更密切的一致。这些发展强调了模拟植物生长的预报模型的综合性。

也有人发表了计算机程序形式的群体生产力模型。

3. 调控的两种群互相作用的模型

前面所讨论的是 2 个种群互相作用自然发展的模型，即没有人的因素，也可以说是在人们还未开发的大自然中 2 个种群互相作用的模型。如果加上人的因素，就有所不同。下面先举个例子来看。

我们利用天敌来消除害虫。设 $x(t)$ 为时刻 t 时害虫的密度，$y(t)$ 为时刻 t 时天敌的密度。尽管我们用最简单的模型：

$$\begin{cases}\dfrac{\mathrm{d}x}{\mathrm{d}t}=x(1-y)\\[2ex]\dfrac{\mathrm{d}y}{\mathrm{d}t}=y(-1+x)\end{cases}\tag{1'}$$

来描述，但还不能达到使害虫减少到不危害农作物的程度。因此还需要人工饲养一些天敌，按时并按一定数量投放到田里，这样 2 个种群互相作用的模型为：

$$\begin{cases}\dfrac{\mathrm{d}x}{\mathrm{d}t}=x(1-y)\\[2ex]\dfrac{\mathrm{d}y}{\mathrm{d}t}=y(-1+x)+v\end{cases}\tag{1}$$

这里 v 是天敌的投放率($v\geqslant 0$)。

有时不采用人工饲养天敌、投放天敌的办法，而采取加用杀虫剂的办法。假设我们所加的杀虫剂只杀死害虫而不伤害天敌，那么同样用(1)′来描述天敌与害虫的相互作用，这时模型为：

$$
\begin{cases}
\dfrac{\mathrm{d}x}{\mathrm{d}t}=x(1-y)-u(t)x \\
\dfrac{\mathrm{d}y}{\mathrm{d}t}=y(x-1)
\end{cases}
\tag{2}
$$

这里 $u(t)$ 是杀虫剂的投放率，当然是有界的，即 $0\leqslant u(t)\leqslant b$($b$ 为正常数)。怎样使用杀虫剂，才能在经过一段时间 T 以后使害虫减少到不危害农作物的程度，同时天敌保持在一定的数量，而这时所用去的杀虫剂最少。这时数学问题的提法如下：

系统：$\begin{cases}\dfrac{\mathrm{d}x}{\mathrm{d}t}=x(1-y)-u(t)x \\ \dfrac{\mathrm{d}x}{\mathrm{d}t}=y(x-1)\end{cases}$

初始值：$\begin{cases}x(0)=x_0 \\ y(0)=y_0\end{cases}$

条件：$0\leqslant u(t)\leqslant b$

终点：$\begin{cases}x(T)=\alpha \\ y(T)=\beta\end{cases}$ （α，β 为正常）

目标：
$$
\min\int_0^T[cx+u(t)]\mathrm{d}t \tag{3}
$$

（α，β 为正常数）

c 是非负常数，$u(t)$ 是分段连续函数。问题也就是要我们在允许控制中找出最优控制，使得性能指标 $J=\int_0^T[cx+u(t)]\mathrm{d}t$ 达到最小。

在实际情况中，往往是使用杀虫剂不仅杀死了害虫，而且对天敌也产生一定的危害。这样，模型(2)则变成：

$$
\begin{cases}
\dfrac{\mathrm{d}x}{\mathrm{d}t}=x(1-y)-\mathrm{e}_1u(t)x \\
\dfrac{\mathrm{d}y}{\mathrm{d}t}=y(x-1)-\mathrm{e}_2u(t)y
\end{cases}
\tag{4}
$$

这里 e_1 和 e_2 分别为杀虫剂对害虫和天敌的伤害率，$e_i \geqslant 0(i=1, 2)$均为常数。数学问题的提法是：

系统：
$$\begin{cases}\dfrac{dx}{dt}=x(1-y)-e_1u(t)x\\[2ex]\dfrac{dy}{dt}=y(x-1)-e_2u(t)y\end{cases}$$

初始值：
$$\begin{cases}x(0)=x_0\\y(0)=y_0\end{cases}$$

条件：$0\leqslant u(t)\leqslant b$

终点：
$$\begin{cases}x(T)=\alpha\\y(T)=\beta\end{cases}\quad(\alpha，\beta\text{为正常数})$$

目标：
$$\min\int_0^T(cx+u)dt \tag{5}$$

这里 c 是非负常数。

把(1)，(2)，(4)式写成一般形式，则有：

$$\begin{cases}\dfrac{dx}{dt}=xF_1(x, y)\\[2ex]\dfrac{dy}{dt}=yF_2(x, y)+v\end{cases} \tag{6}$$

$$\begin{cases}\dfrac{dx}{dt}=xF_1(x, y)-u(t)x\\[2ex]\dfrac{dy}{dt}=yF_2(x, y)\end{cases} \tag{7}$$

$$\begin{cases}\dfrac{dx}{dt}=xF_1(x, y)-e_1u(t)x\\[2ex]\dfrac{dy}{dt}=yF_2(x, y)-e_2u(t)y\end{cases} \tag{8}$$

在渔业中也有类似的问题。我们把 x 记作小鱼的密度，把 y 记作大鱼的密度。如果每年收获大鱼的收获率是常数，那么模型为：

$$\begin{cases}\dfrac{\mathrm{d}x}{\mathrm{d}t}=xF_1(x, y)\\\dfrac{\mathrm{d}y}{\mathrm{d}t}=yF_2(x, y)-v\end{cases}\tag{9}$$

这里 v 为大鱼的每年收获率。如果大鱼和小鱼每年都被打捞，而且其收获率分别为常数 v 和 u，则模型为：

$$\begin{cases}\dfrac{\mathrm{d}x}{\mathrm{d}t}=xF_1(x, y)-u\\\dfrac{\mathrm{d}y}{\mathrm{d}t}=yF_2(x, y)-v\end{cases}\tag{10}$$

若收获率不是常数，而是随时间的变化而变化的，则有：

$$\begin{cases}\dfrac{\mathrm{d}x}{\mathrm{d}t}=xF_1(x, y)-u(t)\\\dfrac{\mathrm{d}y}{\mathrm{d}t}=yF_2(x, y)-v(t)\end{cases}\tag{11}$$

如果不仅不打捞小鱼，而且每年还投放一定数量的鱼苗，那么方程(10)和(11)则变成：

$$\begin{cases}\dfrac{\mathrm{d}x}{\mathrm{d}t}=xF_1(x, y)+u\\\dfrac{\mathrm{d}y}{\mathrm{d}t}=yF_2(x, y)-v\end{cases}\tag{12}$$

和

$$\begin{cases}\dfrac{\mathrm{d}x}{\mathrm{d}t}=xF_1(x, y)+u(t)\\\dfrac{\mathrm{d}y}{\mathrm{d}t}=yF_2(x, y)-v(t)\end{cases}\tag{13}$$

这里我们也可以提出类似于单种群模型中的问题：怎样控制每年大鱼的收获量，使得在一段时间内(例如 10 年、20 年)捕鱼量(或纯利润)最大，而且不破坏渔业资源。这里不再详细论述。

4. 具不变资源的系统

前面我们已见到的捕食与被捕食种群的模型，即：

$$\begin{cases}\dfrac{dx}{dt}=f(x)-y\varphi(x)\\[2ex]\dfrac{dy}{dt}=-ey+ky\varphi(x)\end{cases}\tag{1}$$

在这种情况下被捕食者种群也就是捕食者种群的生活资源，这个资源的增长速度依赖于现有资源的多少。但在有些情况下却不完全是这样，资源有一个恒定的增长率，因此模型变成：

$$\begin{cases}\dfrac{dx}{dt}=f(x)-y\varphi(x)+r\\[2ex]\dfrac{dy}{dt}=-ey+ky\varphi(x)\end{cases}\tag{2}$$

这里 $r>0$，为常数。如果 $r<0$，则(2)式变成上面所说的具有常数收获率的模型。

我们以放牧系统为例来说明，若以 $x(t)$ 表示植被在时刻 t 的密度，则 $y(t)$ 表示食植者在时刻 t 的密度。假设植被有个恒定的更新率 r_1，它与现在的植物密度 x 无关。这样植被密度的增长可用下面模型来描述：

$$\frac{dx}{dt}=r_1$$

最简单地，我们假设每一个食植者有一个恒定的取食速率 c，则植被的变化情况为：

$$\frac{dx}{dt}=r_1-cy$$

精确地说，食植者取食的速率不是常数，而是随着植被的稀化而下降的。因此有：

$$\frac{dx}{dt}=r_1-cy(1-e^{ax})$$

这里 r_1，c 和 α 均为正常数。

再精确一点，应考虑到由于食植者过多而影响其取食的速度，如前引进干扰常数 $m(0\leqslant m\leqslant 1)$则有：

$$\frac{\mathrm{d}x}{\mathrm{d}t}=r_1-cy^m(1-\mathrm{e}^{-\alpha x})$$

以上所讨论的是植被的增长模型。而对于食植者的增长模型，我们可以仿照以前的办法来建立。

首先假设食植者种群的增长可由线性密度制约的 Logistic 模型来描述，即为：

$$\frac{\mathrm{d}y}{\mathrm{d}t}=r_2y(1-\frac{1}{k}y)$$

这里 k 是环境的容纳量。如果我们假设每一个食植者在单位时间内至少需要取食率为 b(生活的最低标准)，则环境的容纳量 $k=\frac{r_1}{b}$(生长出来的植被最多能养活多少个食植者)。这样我们就得到食植者与植被之间的模型(也称为放牧系统)：

$$\begin{cases}\frac{\mathrm{d}x}{\mathrm{d}t}=r_1-cy \\ \frac{\mathrm{d}y}{\mathrm{d}t}=r_2y(1-\frac{1}{k}y)\end{cases} \tag{3}$$

$$\begin{cases}\frac{\mathrm{d}x}{\mathrm{d}t}=r_1-cy(1-\mathrm{e}^{-\alpha x}) \\ \frac{\mathrm{d}y}{\mathrm{d}t}=r_2y(1-\frac{b}{r_1}y)\end{cases} \tag{4}$$

和

$$\begin{cases}\frac{\mathrm{d}x}{\mathrm{d}t}=r_1-cy^m(1-\mathrm{e}^{-\alpha x}) \\ \frac{\mathrm{d}y}{\mathrm{d}t}=r_2y(1-\frac{b}{r_1}y^{1+m})\end{cases} \tag{5}$$

如果要求更精确一定，考虑食植者增长模型不是 Logistic 模型，例如采用 Leslie 的想法，则为：

$$\frac{dy}{dt}=r_2 y\left[1-\frac{y}{k(x)}\right]$$

这样就有较一般的放收系统：

$$\begin{cases}\dfrac{dx}{dt}=f(x)-yp(x)+r_1\\[2mm]\dfrac{dy}{dt}=r_2 y\left[1-\dfrac{y}{k(x)}\right]\end{cases}\tag{6}$$

以及考虑到相互干扰的模型：

$$\begin{cases}\dfrac{dx}{dt}=f(x)-y^m p(x)+r_1\\[2mm]\dfrac{dy}{dt}=r_2 y\left[1-\dfrac{y^{1+m}}{k(x)}\right]\end{cases}\tag{7}$$

最后，我们再讨论一种调控的 2 个种群相互作用的模型。

如同单种群的模型一样，有时我们必须考虑滞后作用对种群增长的影响。其中最为简单的，是设在捕食与被捕食系统中，只考虑食饵种群的滞后影响。也就是说，如果食饵种群增长符合 Logistic 方程，则滞后的增长符合方程，再若 2 个种群间的关系用 Volterra 方程描述，则有：

$$\begin{cases}\dfrac{dN_1(t)}{dt}=rN_1(t)\left[1-\dfrac{N_1(t-T)}{k}\right]-\alpha N_1(t)N_2(t)\\[2mm]\dfrac{dN_2(t)}{dt}=bN_2(t)+\beta N_1(t)N_2(t)\end{cases}\tag{8}$$

其中 $N_1(t)$ 和 $N_2(t)$ 分别代表 2 个种群在时刻 t 时的密度。如果同时考虑到捕食种群与被捕食种群的滞后作用，并设其滞后时间是相同的，又两者相互作用符合 Volterra 方程，则有：

$$\begin{cases}\dfrac{dN_1(t)}{dt}=rN_1(t)\left[1-\dfrac{N_1(t)}{k}\right]-\alpha N_1(t)N_2(t)\\[2mm]\dfrac{dN_2(t)}{dt}=-bN_2(t)+\beta N_1(t-\tau)N_2(t-\tau)\end{cases}\tag{9}$$

如果考虑连续时迟影响，也就是说过去任何时刻种群的密度均对现在种群的增长速度有影响，那么和单种群模型一样考虑核函数 $k_1(t)$，又若 2 个种群作用符合 Volterra 模型，则最为简单的模型为：

$$\begin{cases} \dfrac{dN_1}{N_1 dt} = b_1 - a_{12} N_2 \\ \dfrac{dN_2}{N_2 dt} = -b_2 + a_{21} \displaystyle\int_{-\infty}^{t} N_1(s) k_1(t-s) \mathrm{d}s \end{cases} \tag{10}$$

其中 b_1，b_2，a_{12}和 a_{21}为正常数。这是考虑非密度制约的情况。若考虑密度制约的情况，则考虑模型：

$$\begin{cases} \dfrac{dN_1}{N_1 \mathrm{d}t} = b_1 (1 - \dfrac{N_1}{c}) - a_{12} \displaystyle\int_{-\infty}^{t} k_2(t-s) N_2(s) \mathrm{d}s \\ \dfrac{dN_2}{N_2 \mathrm{d}t} = -b_2 + a_{21} \displaystyle\int_{-\infty}^{t} k_1(t-s) N_1(s) \mathrm{d}s \end{cases} \tag{11}$$

其中 $k_1(t)$，$k_2(t)$为核函数，b_1，b_2，c，a_{12}，a_{21}为正常数。或者考虑更为简单的模型，如：

$$\begin{cases} \dfrac{dN_1}{N_1 \mathrm{d}t} = b_1 \left[1 - \dfrac{1}{c} \displaystyle\int_{-\infty}^{t} N_1(s) k(t-s) \mathrm{d}s \right] - a_{12} N_2 \\ \dfrac{dN_2}{N_2 \mathrm{d}t} = -b_2 + a_{21} N_1 \end{cases} \tag{12}$$

而考虑更为复杂的有：

$$\begin{cases} \dfrac{dN_1}{N_1 \mathrm{d}t} = b_1 \left[1 - \dfrac{1}{c} \displaystyle\int_{-\infty}^{t} N_1(s) k_3(t-s) \mathrm{d}s \right] \\ \qquad\qquad - a_{12} \displaystyle\int_{-\infty}^{t} N_2(s) k_2(t-s) \mathrm{d}s \\ \dfrac{dN_2}{N_2 \mathrm{d}t} = -b_2 + a_{21} \displaystyle\int_{-\infty}^{t} N_1(s) k_1(t-s) \mathrm{d}s \end{cases} \tag{13}$$

若考虑 Holling 功能性反应作用，则(13)变为：

$$
\begin{cases}
\dfrac{dN_1}{N_1 dt} = b_1\left[1 - \dfrac{1}{c}\displaystyle\int_{-\infty}^{t} N_1(s)k_3(t-s)ds\right] \\
\qquad - a_{12}\displaystyle\int_{-\infty}^{t} \dfrac{N_2(s)}{1+N_2(s)}k_2(t-s)ds \\
\dfrac{dN_2}{N_2 dt} = -b_2 + a_{21}\displaystyle\int_{-\infty}^{t} \dfrac{N_1(s)}{1+N_1(s)}k_1(t-s)ds
\end{cases}
\tag{14}
$$

对应于 Leslie 模型，Caswell 考虑模型：

$$
\begin{cases}
\dfrac{dN_1}{N_1 dt} = b_1\left[1 - \dfrac{1}{c}\displaystyle\int_{-\infty}^{t} N_1(t-s)k_{11}(s)ds\right] \\
\qquad - a_{12}\displaystyle\int_{0}^{\infty} N_2(t-s)R_{12}(s)ds \\
\dfrac{dN_2}{N_2 dt} = b_2\left(1 - \dfrac{\displaystyle\int_{0}^{\infty} N_2(t-s)k_{22}(s)ds}{a_{21}\displaystyle\int_{0}^{\infty} N_1(t-s)k_{21}(s)ds}\right)
\end{cases}
\tag{15}
$$

相应于前面模型(9)，具有连续时迟方程为：

$$
\begin{cases}
\dfrac{dN_1}{N_1 dt} = b_1\left(1 - \dfrac{1}{c}N_1\right) - a_{12}N_2 \\
\dfrac{dN_2}{dt} = -b_2 N_2 + a_{21}\displaystyle\int_{-\infty}^{t} N_2(s)N_1(s)k(t-s)ds
\end{cases}
\tag{16}
$$

Losheng Da(1981)研究方程：

$$
\begin{cases}
\dfrac{dN_1}{dt} = N_1(\varepsilon_1 - \alpha_1 N_1 - r_1 N_2) \\
\dfrac{dN_2}{dt} = N_2\left[-\varepsilon_2 - \alpha_2 N_2 + r_2\displaystyle\int_{-\infty}^{t} k(t-\tau)N_1(\tau)d\tau\right]
\end{cases}
\tag{17}
$$

这里 ε_i，a_i，$r_i>0(i=1，2)$，$k(t)\geqslant 0$，$\int_{0}^{\infty} k(t)dt=1$。

关于非连续时迟，最一般的方程为

$$
\begin{cases}
\dfrac{dN_1}{dt} = N_1(t)F_1[N_1(t), N_2(t-\tau)] \\
\dfrac{dN_2}{dt} = N_2(t)F_2[N_1(t-\tau), N_2(t)]
\end{cases}
\tag{18}
$$

总体来说，具时迟的模型形式很多，对应于上面所述的无时迟的每一个模型，当考虑到时迟时，都至少有1个相对应的模型，这里不必一一列举，应说明一点，以上所用的核函数可以是强时迟核函数或弱时迟核函数或一般核函数。

第五章　变异与进化

辩证法认为：否定的否定是一个极其普遍的、起广泛作用的是自然、历史和思维发展的重要规律。关于这一规律，恩格斯在他的著作《反杜林论》中给予了雄辩的举例说明。

“我们以大麦粒为例。亿万颗大麦粒被磨碎、煮熟、酿制，然后被消费。但是，如果这样的一颗大麦粒得到它所需要的正常的条件，落到适宜的土壤里，那么它在热和水分的影响下就发生特有的变化：发芽；而麦粒本身就消失了，被否定了，代替它的是从它生长起来的植物，即麦粒的否定。而这种植物生命的正常进程是怎样的呢？它生长、开花、结实，最后又产生大麦粒，大麦粒一旦成熟，植株就渐渐死去，它本身被否定了。作为这一否定的否定的结果，我们又有了原来的大麦粒，但不是一粒，而是增加了 10 倍、20 倍或 30 倍。谷类的种变化得极其缓慢，所以今天的大麦差不多和 100 年以前的一样。如果我们以一种可塑性的观赏植物为例，如大丽花或兰花，我们只要按照园艺家的技艺去处理种子和从种子长出的植物，那么我们得到的这个否定的否定的结果，不仅是更多的种子，而且是品质改良了的、能开出更美丽的花朵的种子，这个过程的每一次重复，每一次新的否定的否定都提高了这种完善化。就如在大麦粒一样，这种过程也发生在大多数昆虫中，例如在蝴蝶中发生。蝴蝶通过卵的否定从卵中产生出来，经过各种变化而达到性的成熟，交尾并且又被否定，就是说，一旦繁殖过程完成而且雌蝴蝶产了很多卵，它们就死亡了。至于其他植物和动物，这个过程的完成并不是这样简单，它们在死亡以前，不只是一次而且是多次地结子、产卵或生育后代，但是在这里，这对我们来说是无关紧要的；我们只是要说明，否定的否定真实地发生于有机界的两大界中。其次，全部地质学是一个被否定了的否定的系列，是旧岩层不断毁坏和新岩层不断形成的系列。起初，由于液态物质冷却而产生的原始地壳，经过海洋、气象和大气化学的作用而碎裂，这些碎块一层层地沉积在海底。海底的局部隆出海面，又使这种最初的地层的一部分再次经受雨水、四季变化的温度、大气中的氧和碳酸的作用，从地心冲破地层爆发出来的、然后再冷却的熔岩也经受同样的作用。这样，在几万万年间，新的地层不断地形成，而大部分又重新毁坏，又变为构成新地层的材料。但是结果是十分积极的：造成了由各种各样的化学元素混合而成的、机研粉末状的土壤，这就使得极其丰富的和各式各样的植物可能生长起来。

在数学上也是一样。我们试取任何一个代数，例如 a，如果我们否定它，我们就得到 $-a$。如果我们否定这一否定，以 $-a$ 乘以 $-a$，那么我们就得到 $+a^2$，就是说，得出了原来的正数，但是已经处在更高的阶段，即二次幂的阶段。至于我们可以通过把正 a 自乘得出 a^2 的办法得到同样的 a^2，在这里是无关紧要的。因为这种被否定了的否定如此牢固地存在于 a^2 中，使得 a^2 在任何情况下都有 2 个平方根，即 $+a$ 和 $-a$。要摆脱被否定了的否定，摆脱平方中所包含的负根，是不可能的，这种情况，在二次方程式中已经具有极其明显的意义。在高等分析中，即在杜林先生自己称为数学的最高运算而在普通人的语言中称为微积分的“求无限小总和的运算”中，否定的否定表现得更加明显。这些计算方式是怎样实现的呢？例如，我在某一课题中有 2 个变数 x 和 y，两者之中有一个变化，另一个也按照条件所规定的关系在同时变化。微分 x 和 y，相当于把 x 和 y 当作无限小，使得它们同任何一个无论怎样小的实数比起来都趋于消失，使得 x 和 y 除了它们没有任何所谓物质基础的相互关系，即除了没有任何数量的数量关系，就什么也没有剩下。所以$\frac{\mathrm{d}y}{\mathrm{d}x}$，即 x 和 y 的 2 个微分之间的关系$=\frac{0}{0}$，可是这$\frac{0}{0}$是$\frac{y}{x}$的表现。附带指出，2 个已经消失的数的这种关系，它们消失的确定时刻，本身就是一种矛盾；但是这种矛盾不可能妨碍我们，正像它差不多 200 年来根本没有妨碍过数学一样。那么我不是除了否定 x 和 y 之外就什么也没有做吗？但是，我不是象形而上学者否定它们那样，否定了它们，就不再顾及它们了，而是根据适合于条件的方式否定了它们。这样，就在我面前的公式或方程式中得到了 x 和 y 的否定来代替 x 和 y，即 $\mathrm{d}x$ 和 $\mathrm{d}y$。现在我继续运算这些公式，把 $\mathrm{d}x$ 和 $\mathrm{d}y$ 当作实数，虽然是服从某些特殊规律的数，并且在某一点上我否定了否定，就是说，我把微分式加以积分，于是又重新得到实数 x 和 y 来代替 $\mathrm{d}x$ 和 $\mathrm{d}y$，这样，我并不是又回到出发点，而是由此解决了普通的几何和代数也许碰得头破血流也无法解决的课题。

第一节　基本过程

变异是变化和差异的简称。在生物科学中，变异是指生物体的变化和差异。自然选择是引起个别生物个体变异的原因，是物种变异的杠杆之一。变异是生物界普遍存在的形式。物种变异是适应和遗传交互作用的结果，适应是过程中引起变异的方面，遗传是过程中保存物种的方面。达尔文说得很肯定："自然选择"这个术语只是指变异的保存而不是指变异的产生。

达尔文认为：物种不是不变的，不是被分别创造出来的，物种是逐渐变异的，一个物种只能由原有的另一个物种演变而来。

进化是进步和变化的简称。在生物科学中，进化是指生物体的进步和变化，胚胎学和古生物学发现，有机体的胚胎向成熟的有机体的逐步发育，同植物和动物在地球历史上相继出现的次序之间有特殊的吻合。正是这种吻合为进化论提供了最可靠的根据。

变异与进化的过程也就是物种发展变化的过程。关于这一过程达尔文认为：首先生物界存在着生存斗争。在生物界中有大量繁殖、少量生存的现象。在自然状态下生物的繁殖能力是惊人的，但是在一定的环境条件下，保存下来的个体的数量却是相对稳定的。这种情况说明每一种生物为了生存和繁殖都要争取食物、光线、空间或抵御敌害，因而在同种生物的不同个体之间，不同物种之间或生物与其生活条件之间进行激烈斗争，这就是生存斗争。

其次，生物界普遍存在着变异，同种生物的不同个体之间总是存在这种或那种差异，变异具有普遍性。

第三，生存斗争是在不同的个体之间进行的。由于存在着差异，在生存斗争中，那些具有有利变异的个体将有更多的机会保存下来，并繁衍自己的后代，而那些具有不利变异的个体则容易被淘汰。自然界的这种留优汰劣的作用就叫作自然选择。

第四，被保留下来的个体的有利变异通过世代遗传的不断积累逐渐形成新种。这也就是达尔文关于物种起源的理论，这个理论的核心是自然选择学说。

根据自然选择学说，达尔文解释了生物的适应性和环境对生物进化的作用。例如，达尔文曾说，大自然每时每刻都在检查着最细致的变异，把坏的排斥掉，把好的保留下来，并把它们积累起来，经过很长时间之后才能看到自然选择的巨大成果，从一个物种中演变出另一个物种。经过选择形成的新种自然与其生活环境相适应。因此适应是选择的结果，不是变异的原因，环境的变化通过选择对生物的进化发生影响。

此外，达尔文收集了家养下的生物变异的材料。他发现，人工选择是造成家养品种变化并使之适合人类需要的原因。也从另一个方面说明了选择对物种进化的作用。

关于物种起源达尔文在《物种起源》第 6 版上说得很清楚，他认为："一切生物都不是特殊的创造物，而是少数几种生物的直系后代。"在德国，生物学家海克尔把分类学、胚胎学和形态学的成就与进化论结合起来，论述了生物个体如何从一个单一的受精卵发展成成体，以及整个生物界如何从低级、简单的生物发展到高等动物。他指出："个体发育(胚胎发展)过程重演了系统发育(物种演化)的过程，前者是后者的缩影，这就是重演律。"同时他把已知的动、植物按进化关系编排成一个树状系统，这叫进化谱系树。这个系统较好地体现了生物的亲缘关系，如图 29 所示。

1－9 代表 9 个物种，它们起源于同一祖型，向下的箭头表示连续渊源，向上的箭头表示间断发展。

下面我们运用数学的原理与方法来研究分析生物体的变异与进化，可以概括出一些有关生物体变异与进化过程的规律，

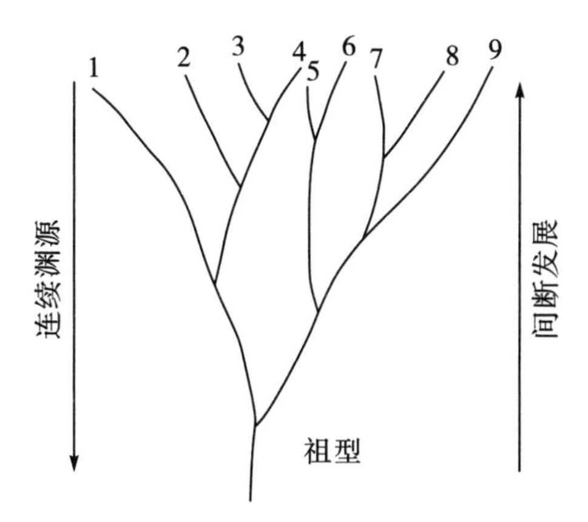

图 29　种与种间又连续又间断的历史发展示意图

使我们对生物体变异与进化过程的一般规律，有进一步的认识。

第二节　数学分析

一、变异分析

1. 总体与样本

在变异分析中，把研究对象叫作总体，为探讨总体变异规律而调查或实验所得的数据叫样本。用样本来推断总体是变异分析方法的特点之一。

(1)总体

在变异分析中，把欲研究对象的全体叫作总体，而把构成总体的每个单位叫作个体，总体中含有个体的数目叫作总体容量(用 N 表示)。若总体容量是有限的叫作有限总体，否则叫作无限总体。例如，研究某一玉米品种在一定栽培条件下变异的株高、穗位、穗长、穗粒数、亩产量等，各自的全部数据都构成各自的总体，由于它们只受品种和栽培条件限制而不受时间和地点的限制，故这样的玉米是相当多的，因而可认为是无限总体。

(2)抽样与样本

如何认识一个总体呢？

如果总体是均匀的，即各个个体完全一样，那么任一个个体的特性就可作为总体的特性。例如，人体的血液是均匀的，故只需在耳朵上取一滴血化验就可得到人体血液总体的特性。

经常遇到的总体是一个随机变量，用大写字母 X，Y 等来表示。总体是由其全部可能值组成，这些值未必全相同，在数目上也不一定是有限的，例如，玉米株高的全部可能值。

既然总体各个体的取值是参差不齐的，那么一个个体就不能代表总体。在这种情况下，要认识总体只有下述 2 种方法。一是全部调查或测试。若总体是无限的，这样做办不到；若总体是有限的，哪怕只有几个，由于测试往往有破坏性，故也不允许，为此全部调查或测试的方法行不通。第二种方法是取总体的一部分个体组成一个样本，由样本来认识(推断)总体，这种方法就是生物统计的方法。

通过样本来推断总体，其关键在于样本能代表总体，即样本必需具有代表性。

从总体中取出一部分个体组成样本的过程叫抽样。用随机抽样的方法才能从总体中取得一个有代表性的样本。所谓随机抽样是指总体中每个个体都有同样的机会进入样本。设总体为 X，随机地抽取 n 个个体 X_1，X_2，…，X_n 组成一个样本容量为 n 的样本简称简单随机样本。从同一个总体中由不同人或一个人不同次所抽取的结果是 n 个具体的数字：x_1，x_2，…，x_n，称为样本观察值，简称样本值。一般来讲，2 次抽得的样本值是不同的。这里必须注意，一般所指样本 x_1，x_2，…，x_n 是随机变量，各 X_i 间相互独立且与总体同分布，而 x_1，x_2，…，x_n，只是样本的一个值。

2. **真值与平均值**

在一定条件下，事物所具有的真实数值就是真值。由于偶然因素不可避免地存在和影响，实际上真值是无法测得的。例如，测定身高的精确值，由于测定仪器、测定方法、环境条件、测定过程、测定者的技术等因素的影响，测定 10 次就可能得到 10 个不同的结果。显然，身高的真值只有一个，在 10 个结果中就无法肯定哪一个是真值。偶然因素对事物的影响，有正有负，有大有小，根据误差分布定律，偶然因素对事物的正负作用大小相等，概率相同。因此，如果将身高测定的次数无限增多，求出所有测定结果的平均值，则偶然因素的正负作用相抵消，在无系统误差的情况下，这个平均值就极近于真值，一般就把这个平均值当作真值看待。在实际中，我们的测定次数总是有限的，故其平均值只能是近似真值或称最佳值。

平均值的另一个意义，它是变异事物的代表值，能反映变异事物的集中性。任何事物的存在，总是和它周围的环境条件联系在一起的，同一总体中的个体，不可能都处在绝对相同的条件之中，因而个体间的变异也是必然的。例如，在同一麦田中，不同植株的高度、穗长、粒数、穗重等总是有差异的。

同一总体中，个体间具有变异的每种性状或特性，在量的方面可以表现为不同的数值，对于这种因个体不同而变异的量，在统计上称为变量，而不同个体在某一性状上具体表现的数值，则称为观察值。如小麦株高就是一个变量，某株高 102cm 就是一个观察值。总体平均值，由于偶然因素正负作用的抵消，所以最能反映总体的典型水平和总体集中性的特征。凡能说明总体特征的数值如平均值、方差、标准差、变异系数等称为总体特征数，一般都假定总体特征数来自无限型总体，所以我们可以把总体特征数作为真值来理解，样本特征数是总体特征数的近似值或估计数。

平均值有多种，现仅介绍在变异分析中应用最广的算术平均值。算术平均值也称平均数或均数，是观察值总和除以观察值个数的商。

设样本平均数为 $\overline{x}$，其观察值为 x_1，x_2，x_3，…，x_n 则：

$$\overline{x} = \frac{x_1 + x_2 + x_3 + \cdots + x_n}{n} = \frac{\sum x}{n} \qquad (1)$$

式中：$\sum$ 为求和的意思，$\sum x$ 为 $\sum_{i=1}^{n} x_i$ 的简写，表示从 x_1 加到 x_n 的和。

在计算平均数时，如果观察值 x_1，x_2，x_3，…，x_n 在样本中的比重不同，(1)式就不适用，应按加权平均数法进行计算。其计算公式为：

$$\overline{x} = \frac{f_1x_1 + f_2x_2 + f_3x_3 + \cdots + f_nx_n}{f_1 + f_2 + \cdots + f_n} = \frac{\sum fx}{\sum f} \qquad (2)$$

式中 f_1，f_2，f_3，…，f_n 为 x_1，x_2，x_3，…，x_n 在样本中所占的比重，称为权数，即对不同观察值有权衡轻重的作用。用(2)式求出的平均数一般称加权算术平均数，简称加权平均数。

例如，某生产队共种 5 块小麦，各地块的面积为 10，20，40，15，15 亩，其对应的小麦产量为 600，500，400，300，600kg/亩，求这个生产队小麦的平均亩产。

显然，各地块的面积不同，其亩产在全队平均 667m^2 产量中的比重也就不同，按(2)式进行计算，各地块的面积为 f，各地块的 667m² 产量为 x，则：

$$\sum fx = 10\times600+20\times500+40\times400+15\times300+15\times600 = 45500$$

$$\sum f = 10+20+40+15+15 = 100$$

所以生产队平均 667m^2 产量($\bar{x}$) $= \frac{\sum fx}{\sum f} = \frac{45500}{100} =$ 455kg/667m²

3. **样本变异性的度量**

平均值只能反映变异事物的集中性，不能说明其变异情况，往往不同样本的平均值相等，但其变异情况却相差很大，比如 4 与 6 的平均值为 5，而 1 与 9 的平均值也是 5，显然二者是不相同的，仅看平均值就无法区别。因此，还需要描述样本变异的特征数。衡量样本变异的大小，通常有下列几种方法：

(1)极差　样本观察值中最大值与最小值之差称为极差，亦称变异幅度或全距，用 R 表示，即：

$$R=\max\{x_1, x_2, \cdots, x_n\}-\min\{x_1, x_2, \cdots, x_n\} \quad (1)$$

式中：max 和 min 分别表示 x_1，x_2，x_3，…，x_n 中最大值和最小值。极差简单直观，便于计算，其缺点是只取两极端值，与其他观察值不发生关系，没有充分利用数据所提供的信息，不能完全说明观察值间的变异程度，所以反映实际情况的精确度较差。

(2)方差　平均数是总体或样本的代表值，以平均数为标准，每个观察值与平均数的偏差即离均差，可以说明不同观察值的变异程度。一个总体或样本包含很多观察值，也就有很多离均差，要反映总体或样本变异的一般水平，就应求出离均差的平均值，但是，不论总体或样本的变异情况如何，把所有的离均差加起来，由于正负相抵消，总是等于零，无法反映变异大小。为了克服这个问题，可用离均差的绝对值，但计算上不甚方便，最好的办法是将离均差平方，不仅消除了负号，而且使离均差增大，更有利于度量变异程度的灵敏性。离均差平方的平均数就称为方差。

总体的平均数为μ，方差为σ^2，其计算公式为：

$$\sigma^2=\frac{\sum(x-\mu)^2}{N} \tag{2}$$

式中：$\sum(x-\mu)^2$——离均差平方和简称平方和；

N——总体中观察值的个数。

总体的方差一般不易获得，通常是用样本进行估计，根据数学理论推知，要达到无偏估计，样本方差的计算公式如下：

设样本含有x_1，x_2，x_3……x_n，n个观察值，平均数为$\overline{x}$，方差为S^2。

则 $$S^2=\frac{\sum(x-\overline{x})^2}{n-1} \tag{3}$$

一个样本含n个观察值，则得n个离均差，由于受$\sum(x-\overline{x})=0$这个条件的限制，其中有$n-1$个可以自由变动，最后1个就没有变动的自由，例如有4个观察值，其中3个离均差为2，2，-3则第4个离均差就必须等于-1，才能达到$\sum(x-\overline{x})=0$，所以在统计学上把$n-1$称为自由度。显然如受K个条件限制，则其自由度就为$n-K$。

(3)单次标准差　方差的平方根称为单次标准差，简称标准差。在计算方差时，离均差经过平方，原来的度量单位(如斤、厘米等)也随之变为平方，再经开平方又恢复原来的度量单位，所以标准差是个有名数，其度量单位与观察值相同。

设总体标准差为σ，样本标准差为S，则：

$$\sigma=\sqrt{\frac{\sum(x-\mu)^2}{N}} \tag{4}$$

$$S=\sqrt{\frac{\sum(x-\bar{x})^2}{n-1}} \tag{5}$$

(4)变异系数　标准差是反映总体中各观察值变异程度大小的绝对量，受平均数的影响很大，所以只能在平均数相同或接近的情况下，用标准差作指标，比较不同样本变异程度的大小；标准差是一个有名数，度量单位不同也不能相互比较。因此，要比较不同样本变异的大小，需将标准差化为相对值。标准差占平均数的百分率称为变异系数，用$C.V.$表示，即：

$$C.V.=(\frac{S}{\bar{x}}\times 100)\% \tag{6}$$

例如，比较两个小麦品种生产的均衡性，甲种小麦品种平均产量400kg/667m^2，标准差为30kg/667m^2，乙种小麦品种平均产量200kg/667m^2，标准差为25kg/667m^2，其变异系数为：

甲种　$C.V.=\left(\frac{30}{400}\times 100\right)\%=7.5\%$

乙种　$C.V=\left(\frac{25}{200}\times 100\right)\%=12.5\%$

甲种标准差虽然比乙种大，但其平均产量高，变异系数小，所以，甲种小麦品种生产比乙种要均衡些。

4. 数据整理——总体的近似分布

(1)数据整理

对于定性数据(离散总体)，整理的方法是按属性分组计数、计算频率和图示。

例如：孟德尔豌豆杂交实验 F_2 代结果(表 4 如下)：

表 4　孟德尔豌豆杂交实验 F_2 代结果

性状	显性		隐性		总数	比例
	频数	频率	频数	频率		
种子形状	圆 5474	0.7474	皱 1850	0.2525	7324	2.96∶1
花的颜色	红 705	0.7589	白 224	0.2411	929	3.15∶1

种子形状的统计图如图 30 所示。

表中或图中的频率是概率的近似值，由此可以看出总体的近似分布(经验分布)。图比表更加直观。

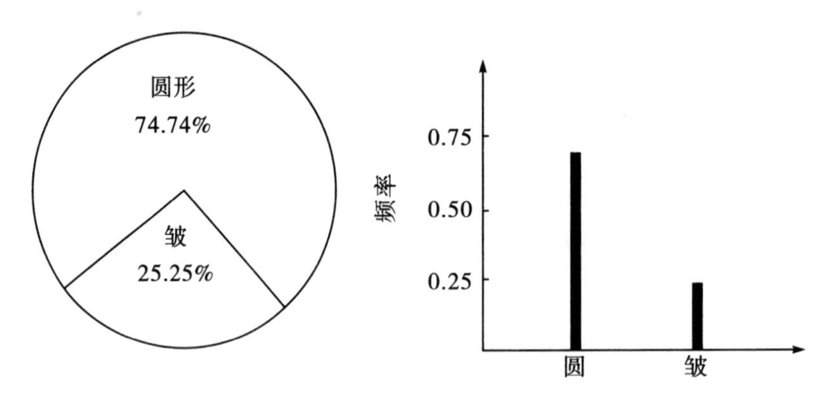

图 30　种子形状的扇形统计图和条形统计图

对于从离散性总体获得的资料用频率分布表及频率柱形图来表示其经验分布。

例如，183 盘大豆(每盘 20 粒)发芽种子次数分布表(表 5

如下)和分布图(图 31 所示)。

表 5　183 盘大豆(每盘 20 粒)发芽种子统计表

每盘发芽种子数	盘数	频率/%
6	5	2.7
7	9	4.9
8	8	4.4
9	19	10.4
10	26	14.2
11	34	18.6
12	26	14.2
13	22	12.1
14	21	11.4
15	10	5.5
16	3	1.6
总计	183	100.0

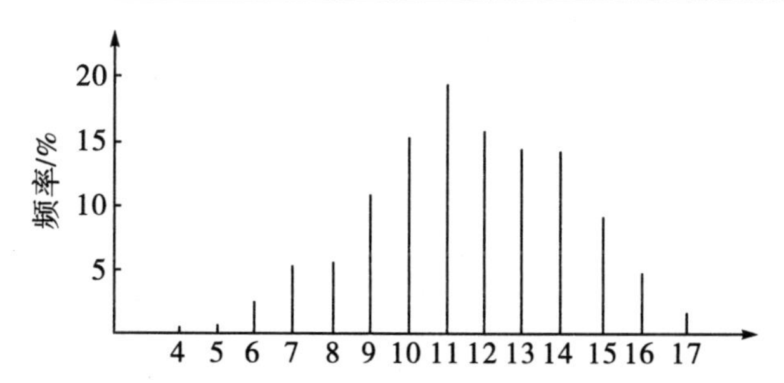

图 31　183 盘大豆(每盘 20 粒)发芽种子频率分布图

对于从连续性总体获得的资料采用分组整理的方法，利用频率分布表或直方图来表示总体的经验分布。

例如，表 6 中为 100 株豫农 1 号玉米穗位(cm)，试分组整理。

表 6　100 株豫农 1 号玉米穗位分组表

127	118	121	113	145	125	87	94	118	111
102	72	113	76	101	134	107	118	114	128
118	114	117	120	128	94	124	87	88	105
115	134	89	141	114	119	150	107	126	95
137	108	129	136	98	121	91	111	134	123
138	104	107	121	94	126	108	114	103	129
103	127	93	86	113	97	122	86	94	118
109	84	117	112	112	125	94	73	93	94
102	108	158	89	127	115	112	94	118	114
80	111	111	104	101	129	144	128	131	142

整理步骤如下：

1)确定组数

样本大小与分组组数的关系如表 7 中所示。

表 7　样本大小与分组组数表

样本大小 n	分组组数 m
50	5～10
100	8～16
200	10～20
300	12～24
500	15～30
1000	20～40

组数过多则很分散，看不到资料的集中情况，且不便于计

算，组数过少，则为粗糙，不能反映原总体的情况。本例中 $n=100$，则可分8～16组。

2)确定组距和组限

首先计算极差 R(反映样本变异幅度)：

R=最大值－最小值=158－72=86(cm)

若分9组，则：

$$组距=\frac{R}{组数}=\frac{86}{9}=9.56(cm)$$

为方便起见，确定以10cm为组距。

组限可由最低一组定起，最低一组的下限应将最小数据(如72)包括在内。

则其组限如下：

70～80，80～90，90～100，100～110，……150～160

显然最高一组应包括最大值(如158)。

3)计算次数及频率

可以用划记法计算次数。每一个数据落在那一组内就在那组划记。为了使2组界限明确起见，凡数据与某一组上限相等归入下组。由此得到频数、频率分布表(表8)。

表8　100株玉米穗位分布表

组限	组中值 $\overline{x}_i$	划记	次数 f_i	频率 $\hat{p}_i=\frac{f_i}{n}$	累计频率 $\hat{F}_i=\sum\limits_{k\leqslant i}\hat{p}_k$
70－80	75	正	3	0.03	0.03
80－90	85	正正	9	0.09	0.12
90－100	95	正正正	13	0.13	0.25
100－110	105	正正正一	16	0.16	0.41

续表

组限	组中值 $\overline{x}_i$	划记	次数 f_i	频率 $\hat{p}_i=\frac{f_i}{n}$	累计频率 $\hat{F}_i=\sum\limits_{k\leqslant i}\hat{p}_k$
110—120	115	正正正正正一	26	0.26	0.67
120—130	125	正正正正	20	0.20	0.87
130—140	135	正正	7	0.07	0.94
140—150	145	正	4	0.04	0.98
150—160	155	正	2	0.02	1.00
总计			100(n)	1.00	

上表可用直方图 32 表示。

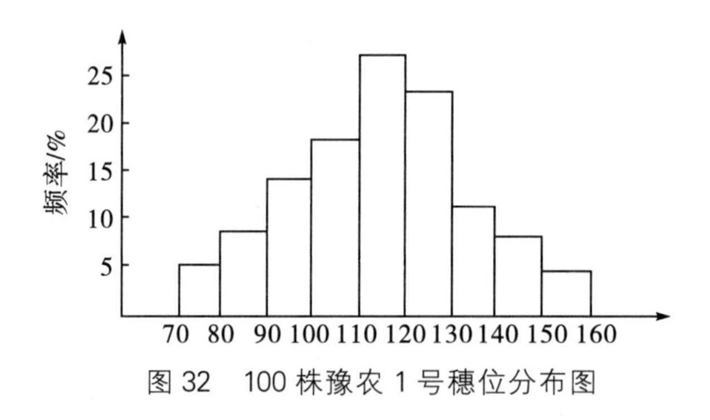

图 32　100 株豫农 1 号穗位分布图

表 8 中，$\hat{p}_i$ 近似地为数据落在第 i 组(t_{i-1}，t_i)($i=1$，2，…，m)中的概率。$\hat{F}_i\approx F(X<t_i)$，即为总体 X 的经验分布函数，组中值 $\overline{x}_i$ 为第 i 组的代数值。

(2)样本的数字特征

数学期望(u)和方差(σ^2)是总体 2 个很重要的数字特征，由样本可以估计它们。

在许多情况下，u 最好的估计值(点估计)是样本的算术平均值 $\overline{x}$：

$$\hat{u}=\overline{x}=\frac{x_1+x_2+\cdots+x_n}{n}=\frac{1}{n}\sum_{i=1}^{n}x_i$$

σ^2 的估计值(无偏)为样本的方差 S^2：

$$\hat{\sigma}^2=S^2=\frac{1}{n-1}[(x_1-\overline{x})^2+(x_2-\overline{x})^2+\cdots+(x_n-\overline{x})^2]$$

$$=\frac{1}{n-1}\sum_{i=1}^{n}(x_i-\overline{x})^2$$

由于 $\sum_{i=1}^{n}x_i=n\overline{x}$，故方差公式可改写为：

$$S^2=\frac{1}{n-1}\sum_{i=1}^{n}(x_i-\overline{x})^2$$

$$=\frac{1}{n-1}\left(\sum_{i=1}^{n}x_i^2-2\overline{x}\sum_{i=1}^{n}x_i+n\overline{x}^2\right)$$

$$=\frac{1}{n-1}\left(\sum_{i=1}^{n}x_i^2-n\overline{x}^2\right)$$

有了方差的估计，则标准差估计为：

$$\hat{\sigma}=\sqrt{S^2}=S$$

例如，10 只白鼠体重(g)为：

19，21，17，20，23，19，20，21，20，20，则

$$\overline{x}=\frac{1}{10}(19+21+17+20+23+19+20+21+20+20)$$

$$=\frac{200}{10}=20(\text{g})$$

$$S^2=\frac{1}{9}[(19-20)^2+(21-20)^2+\cdots+(20-20)^2]$$

$$=\frac{22}{9}=2.44(\text{g}^2)$$

$S=1.56(\text{g})$

上述 $\overline{x}$ 与 S^2 的计算法适用于未分组整理数据，对于已分组的数据可用加权算法。

用 $\overline{x}_1$，$\overline{x}_2$，…，$\overline{x}_m$ 代表各组的组中值(在离散型总体的数据中代表各组组值)，用 f_1，f_2，…，f_m 代表各组的次数，$n=f_1+f_2+\cdots+f_m$，则：

$$\overline{x}=\frac{1}{n}(\overline{x}_1f_1+\overline{x}_2f_2+\cdots+\overline{x}_mf_m)=\frac{1}{n}\sum_{i=1}^{m}\overline{x}_if_i$$

$$S^2=\frac{1}{n-1}[(\overline{x}_1-\overline{x})^2f_1+(\overline{x}_2-\overline{x})^2f_2+\cdots+(\overline{x}_m-\overline{x})^2f_m]$$

$$=\frac{1}{n-1}\sum_{i=1}^{m}(\overline{x}_i-\overline{x})^2f_i$$

$$=\frac{1}{n-1}[\sum_{i=1}^{m}\overline{x}_i^2f_i-\frac{1}{n}(\sum_{i=1}^{m}\overline{x}_if_i)^2]$$

$$=\frac{1}{n-1}(\sum_{i=1}^{m}\overline{x}_i^2f_i-n\overline{x}^2)$$

例如，用前表 8 计算 100 株玉米穗位平均值和方差。

$$\overline{x}=\frac{1}{100}[(75\times3)+(85\times9)+(95\times13)+\cdots+(155\times2)]$$

$$=\frac{11230}{100}=112.3(\text{cm})$$

$$S^2=\frac{1}{99}[(75-112.3)^2\times3+(85-112.3)]^2\times9+$$

$$\cdots+(155-112.3)^2\times2=\frac{30571.00}{99}$$

$$=308.798(\text{cm}^2)$$

$$S=\sqrt{308.798}=17.57(\text{cm})$$

估计出 $\overline{x}$ 与 S 后，$\overline{x}$ 就可作为判断某一观察值在总体中位置的起点，而 S 可作为这个观察值偏离 $\overline{x}$ 的单位。靠近 $\overline{x}$ 者为寻常值，远离 $\overline{x}$ 者为异常值。

通过实际资料整理我们得到了总体的近似分布（如频率分布表），通过近似分布求总体理论分布的问题称为分布选配问题。

假设样本容量为 n，各组的频率及各组的理论概率分别为：

组	1	2	3	$\cdots m$
频率	$\hat{P}_1$	$\hat{P}_2$	$\hat{P}_3$	$\cdots \hat{P}_m$
理论概率	P_1	P_2	P_3	$\cdots P_m$

由理论概率和样本容量 n 可算出理论次数：

实际次数	f_1	f_2	$\cdots f_m$
理论次数	nP_1	nP_2	$\cdots nP_m$

则：

$$x^2 = \frac{(f_1 - nP_1)^2}{nP_1} + \frac{(f_2 - nP_2)^2}{nP_2} + \cdots + \frac{(f_m - nP_m)^2}{nP_m}$$

$$= \sum_{i=1}^{m} \frac{(f_i - nP_i)^2}{nP_i}$$

可作为实际与理论符合程度的尺度，叫作皮尔逊 X^2 统计量。如果理论分布的 K 个参数由样本估计所得，则：

$$x^2 = \sum_{i=1}^{m} \frac{(f_i - nP_i)^2}{nP_i} \sim x^2(m-K-1)$$

$df=m-k-1$ 为自由度。这个分布有个临界值 $X_\alpha^2(m-K-1)$，图 33 中可明确其意义：X^2 值落在 X_α^2 之左的概率为$1-\alpha$，落在 X_α^2 之右的概率为 α。当 α 相当小时（一般为 5%或 1%），x^2 落在 x_α^2 之右，则认为是实际上的不可能事件（小概率事件原理），因而当 x^2 落在 x_α^2 之左时，则承认实际与理论符号甚好，否则，则认为是不符合的（在显著水平 α 上）。

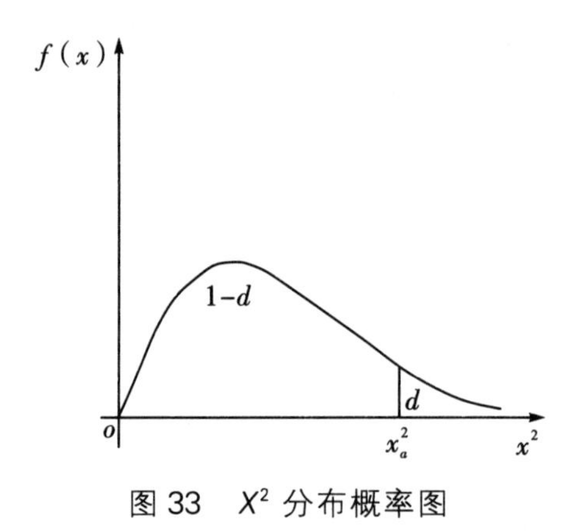

图 33　X^2 分布概率图

例如，根据遗传学原理，前例中种子形状应服从分布：

$$\begin{Bmatrix} \text{圆形} & \text{锥形} \\ \frac{3}{4} & \frac{1}{4} \end{Bmatrix}$$

样本容量 $n=7324$，则 2 组的实际与理论次数为：

实际：　　　　5474　　　　1850

理论：　　　　$7324\times\frac{3}{4}=5493$　　　　$7324\times\frac{1}{4}=1831$

则　$x^2=\frac{(5474-5493)^2}{5493}+\frac{(1850-1831)^2}{1831}=0.2628$

理论分布的参数均已给出，故 $K=0$，$m=2$，自由度为 1。由于 $X_{0.05}^{(1)}=3.841$，则 $X^2<X_{0.05}^2$（X^2 落在 X_α^2 之左），故认为符合甚好，即实验结果是符合孟德尔遗传原理的。

再例如，在前例中，玉米穗位为连续性总体，一般服从正态分布（由图中可看出），由于 $\overline{x}=112.3$，$S^2=308.8$，它是否服从 $N(112.3,\ 308.8)$。

理论次数与 x^2 计算如表 9 所示。

表 9　豫农 1 号玉米穗位理论次数与 x^2 计数表

组限 (x_{x-1}, x_i)	标准组限 u_{i-1}, u_i $u=\frac{x-\bar{x}}{S}$	实际次数 f_i	理论概率 $P_i=\Phi(u_i)-\Phi(u_i-1)$	理论次数 nP_i	$X_i^2=\frac{(f_i-nP_i)^2}{nP_i}$
70—80	−2.41—1.84	3	0.02488	2.488	0.1504
80—90	−1.84—1.27	9	0.06912	6.912	0.6308
90—100	−1.27—0.70	13	0.1400	14.000	0.0714
100—110	−0.07—0.13	16	0.2063	20.630	1.0391
110—120	−0.13—0.44	26	0.2217	22.170	0.6617
120—130	0.44—1.00	20	0.1713	17.130	0.4808
130—140	1.00—1.58	7	0.1007	10.070	0.9359
140—150	1.58—2.15	4	0.04222	4.222	0.0117
150—160	2.15—2.71	2	0.01242	1.242	0.4626
总计		$n=100$	1.0000	100.00	4.4444

其中 $\Phi(\mu)=\frac{1}{\sqrt{2\pi}}\int_{-\infty}^{u}e^{-x^2/2}dx$ 为标准正态分布函数值（可查正态分布表）它表示概率 $P(U<u)$，（图 34 中阴影部分面积）。若 $u>0$，$\Phi(-u)=1-\Phi(u)$。如 $\Phi(2.41)=0.99202$，则 $\Phi(-2.41)=1-0.992024=0.0080$。

由于 $m=9$，$\bar{x}$ 与 S^2，由样本估计，故 $K=2$，因而自由度 $df=9-2-1=6$，查 $X^2_{0.05}=12.592$ 而 $X^2=4.444<12.592$，故可认为原总体服从 $N(112.3, 308.8)$（在显著水平 0.05 上）。

在选配分布中，若某组实际次数小于 5，要求并到相邻组中去，因而例中应把第 1 组并到第 2 组，把第 9 组并到第 8

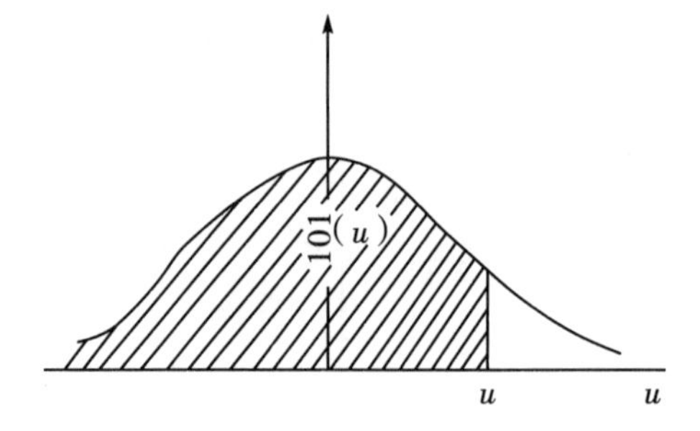

图 34　豫农 1 号玉米穗位标准正太分布图

组，并后共有 7 组。

5. **统计检验分析**

变异是自然界存在的普遍规律，一切生物试验包括有 2 种变异：一是不同试验处理间的效应；二是试验误差。前者是任何试验所期望的结果，它可反映事物变化的内在规律；后者是试验中应尽量减少的偏差，它容易掩盖试验结果的真实性。因此，严格控制试验误差，正确估计误差与分析误差，已成为生物试验的中心环节。

(1)概念及其意义

统计检验是显著性测定的总称，它是对变异分析能否确立的一种数学判断方法。一切变异分析都是取样研究，我们所获得的资料只不过是从总体中取出的一个样本，它的统计数值永远不能与总体相等，两者之间总会有一定的差异，因此必须采用统计检验的方法，以确定产生差异的原因，取样研究中的偶然变异就是取样误差，在变异分析中的取样误差包括切不均一所引起的变异，以及其他无法控制的条件所造成的变异等，试验中由于这些偶然变异的存在，它将掩盖不同试验因子之间的真实效应，因此我们必须运用统计检验的方法，对所得试验数据，有根据的加以区别，凡是样本数据与总体之间的差异来自取样误差，这种差异叫不显著，反之样本与总体之间的差异来自处理间效应，叫差异显著。统计检验就是提供辨别样本与总体之间生产差异原因的一种数学方法，通过统计检验就可以克服和防止在试验结果判断中所产生的主观性，不致被假象所迷惑。变异分析研究中常用的统计检验方法有 t 检验、Q 检验、x^2 检验和 F 检验 4 种，现对统计检验的原理、区间、概率标准和检验的方法分别叙述如下。

(2)统计假说的确定——零值假说

进行统计检验的时候，首先要对试验中观察到的一系列的事件提出假说，然后再检验假说与事件之间的适合性，凡是二者相符则假说成立，所发生事件可以按照假说的推理而获得解释，反之二者不符合，假说不能成立而被否定，所发生的事件不能按照假说的推理解释。例如，某麦田发生黄苗，田间诊断时首先假定为缺氮，如果增施速效氮肥后黄苗好转，表明黄苗这个事件与缺氮这个假说是一致的，假说成立，可以推断麦田黄苗与缺氮有关。同理，将假说与事件的适合性检验运用到数理统计中，可以帮助我们对样本与总体之间发生的差异作出客观的检验。在统计检验中采用的假说是零值假说，也叫无效假说或解消假说用符合 H_0 表示。零值假说含义就是假定被比较的 2 组样本的统计值来自同一总体，它们之间并无本质上的差异，因此，它们之间的真差应等于零，继而对样本的统计量作出检验，根据实测概率的分布和理论分布进行比较，对假说作出肯定和否定的判断，这里必须采用事件在总体分布区间中出现的概率作为衡量假说能否成立的一个公认检验标准。

(3)统计区间和显著性水准

当大样本时，即观察样本 $n>30$，可以用正态分布的概率来检验。习惯上把假说的肯定或否定的概率界限，确定在距总体真值的$\pm 1.96\sigma$和$\pm 2.58\sigma$。凡是在$\pm 1.96\sigma \sim \pm 2.58\sigma$以内的范围叫置信区间，在这个区间内假说有95%或99%的把握可以肯定，也就是说，落在这个区间内的假说，每100次抽样中有95次或99次的把握获得此样本，表明样本来自总体的概率有95%或99%，所以假说成立，差异不显著。反之在$\pm 1.96\sigma$和$\pm 2.58\sigma$以外的范围叫否定区间，在这个区间内假说只有5%或1%的把握可以肯定，即100次抽样中只有5次或1次获得此样本的把握，它表明这样的事件每做20次才能出现1次，因此样本来自总体的可能性太小了，所以假说被否定，得出差异显著的结论。

置信区间和否定区间总称为统计区间，5%或1%叫差异显著性水准，用$P_{0.05}(P=5\%)$或$P_{0.01}(P=1\%)$表示。

当小样本时，观察样本$n \leqslant 30$，检验假说与事件之间的适用性常用t检验法，t值是假说与事件之间的差异与样本平均数标准差($\overline{Sx}$)的比值。t值又叫显著性系数，用以下公式表示：

$$t=\frac{|\bar{x}-\mu|-H_0}{\overline{Sx}} \text{或} t=\frac{\bar{x}-\mu}{S_{\bar{x}}} \qquad (1)$$

式中：$\bar{x}$为样本观察值的平均数；

μ为总体的均值；

$|\bar{x}-\mu|$为样本与总体的均值的偏差；

H_0为按零值假说，其真值$=0$；

$\overline{Sx}$为样本平均数的标准差。

如采用样本的单次标准差(S)估计$\overline{Sx}$时，则：

$$\overline{Sx}=\frac{S}{\sqrt{n}} \quad \text{所以} \quad t=\frac{\sqrt{n}(\bar{x}-\mu)}{S} \qquad (2)$$

根据实测t值与理论t值进行比较，再作出差异显著性判断。

正态分布时，凡达到5%及1%的显著性水准，其相应的概率度ω一般为1.96及2.58。当ω为1.96～2.58时它表明样本的统计值对假说的差异已达5%的显著性水准；当$\omega \geq 2.58$时，此差异已达1%的显著性水准。显著性水准的选择可以根据试验性质和试验精度的要求来确定，变异分析中可以采用5%的显著性水准，也可以选用1%的显著性水准，以提高试验分析的精确度。

(4)t分布与t检验

t分布是$n<30$时的小样本分布。t分布也叫stdent—t分布，它是1908年由高赛特(W. S. Gosset)首先发现，以后又经费休(R. A. Fisher)(1924)加以完善，t分布的出现对小样本的研究引起了根本性的变革。

t分布也是一种对称性的分布，它以t的平均值等于0为峰顶，向两侧延增至无穷大(∞)，t分布比正态分布狭长，t值在分布中的分散性亦较正态分布为大。t分布的形式随样本的大小(或自由度大小)而改变，样本愈小峰顶愈矮，当样本(或自由度)增大到30时，t分布已逐渐接近于正态分布，样本继续增大，直到无穷大时(∞)，t分布与正态分布几乎完全相同。图35是自由度为4时的t分布，有斜线的区域占总面积的5%，t分布与正态分布相比，中间峰狭而尖，两旁的尾较高。

t值表简称t表，由3部分构成，即自由度、概率及t值，通常纵表头为自由度，横表头为概率标准(P)，表身是不同的自由度与概率标准下相应的t值，实际上t表是由很多个t分布组成，即自由度为1时构成一个t分布，$n-2$时又构成另一个t分布……依次类推，直到自由度为∞时为止，再将很多t分布归纳组成t表。t表中若概率相同如自由度愈大则t值愈小，在同一自由度下，t 值愈大则概率愈小。

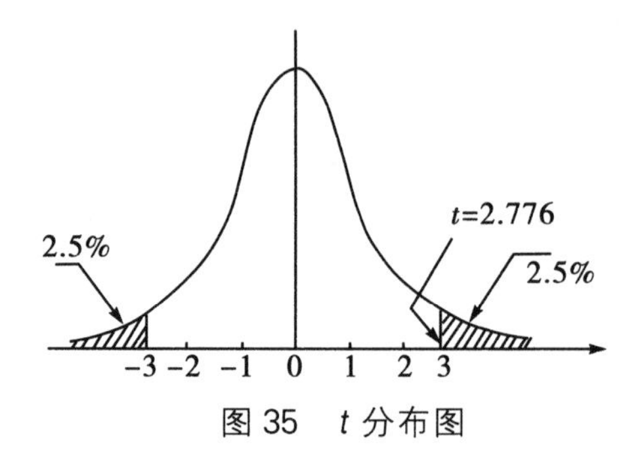

图 35　t 分布图

在实际运算时，首先作出零值假说，并将算得的 t 值与表中某个概率标准下的 t 值(简称 $t_{0.05}$)相比，再对假说作出肯定或否定的判断。如果实际 $t > t_{0.05}$ 表明假说成立的概率极小，假说否定，差异显著。如实际 $t < t_{0.05}$ 表明假说成立有 95%把握，假说肯定，差异不显著。t 测定可以根据公式(1)进行，样本平均数的标准差($\overline{Sx}$)可用公式计算：

$$S\overline{x} = \sqrt{\frac{\sum x^2 - \frac{T^2}{n}}{n(n-1)}} \tag{3}$$

上式 x 为各次样本的观察值，T 为各观察值的总和，n 为观察的次数或重复的次数，$n-1$ 为样本的自由度。

例如：为了提高冬小麦的产量，某地 10 个点上，在小麦生长后期采用叶面喷磷(KH_2PO_4)措施，以观察喷磷对增加小麦粒重的影响，10 个点小麦千粒重分别为 37.0g、38.0g、36.0g、39.0g、38.0g、39.0g、38.0g、39.0g、37.0g、38.0g，已知：一般大田小麦千粒重为 36g，即总体均值 u 为 36.0g，问喷磷对增加小麦千粒重的作用?

统计假设：假设喷磷样本($\overline{x}$)与大田(u)来自同一总体，即 $\overline{x}=u$，所以 $|\overline{x}-u| = H_0$

10 个点的样本平均值=

$$\frac{37+38+36+39+38+39+38+39+37+38}{10}$$

$=37.9(g)$

代入公式(3)，算得样本平均数的标准差($S_{\bar{x}}$)：

$$S_{\bar{x}}=\sqrt{\frac{\sum x^2-\frac{T^2}{N}}{n(n-1)}}=\sqrt{\frac{14373-\frac{(379)^2}{10}}{10(10-1)}}=0.314(g)$$

代入公式(1)求得 t 值：

$$t=\frac{|37.9-36.0|}{0.314}=6.05$$

查 t 表，当 $n-1=9$ 时，$t_{0.05}=2.262$，$t_{0.01}=3.25$。

所以 $t>t_{0.01}$ 喷磷的样本与大田都来自同一总体的假说被否定，差异显著；由此推断喷磷的差异不属于试验误差而是试验效应产生的差异，喷磷效果极显著。

(5)2 个样本平均数差异显著性的检验

在实际试验中，往往要比较 2 个样本平均数之间的差异是否显著。其中样本的来源有 2 种，一种是完全随机取得的；另一种是配对法取得的。它们的检验方法有区别。现分别介绍如下：

①完全随机化的样本平均数差异显著性检验

根据数理统计理论得知，从同一总体随机抽得的很多样本，每个样本可以算出一个差数($\overline{X}_i$)，那么每 2 个样本平均数可以算出一个差数($\overline{X}_1-\overline{X}_2=d$，称为样本平均数差数)，这些差数 d_i 的平均值为 O。这些差数(d)与样本平均数差数标准误差($\overline{Sx}_1-\bar{x}_2$，用样本计得)的比值围绕 O 呈 t 分布：

$$t=\frac{(\overline{X}_1-\overline{X}_2)-O}{S(\bar{x}_1-\bar{x}_2)} \tag{4}$$

所以样本平均数差异显著性可以用 t 分布规律进行检验。

(4)式中$(\overline{X}_1-\overline{X}_2)$为 2 样本平均数的差数($d$)，$S(\overline{x}_1-\overline{x}_2)$为 2 样本平均数差数标准误差，它可用 S_d 表示，因此，(4)式可写成：

$$t=\frac{(\overline{X}_1-\overline{X}_2)}{S(\overline{x}_1-\overline{x}_2)}=\frac{d}{S_d} \tag{5}$$

作样本平均数差异显著性检验时，按(5)式算出$(\overline{x}_1-\overline{x}_2)$及 $S(\overline{x}_1-\overline{x}_2)$即可求出 t 值，再根据自由度查 t 分布表作差异显著性判断。现在问题是 2 样本平均数差数标准误差$[S(\overline{x}_1-\overline{x}_2)]$应怎样估算，及如何确定自由度。

分别估计法：当 2 个样本重复次数相等时，即 $n_1=n_2$。可采用此法估算。

$$S(\overline{x}_1-\overline{x}_2)=\sqrt{\frac{S_1^2}{n_1}+\frac{S_2^2}{n_2}} \tag{6}$$

(6)式中 S 为样本单次标准差：

$S=\sqrt{\frac{\sum(X-\overline{X})^2}{n-1}}$代入公式(6)得：

$$S_{(\overline{x}_1-\overline{x}_2)}=\sqrt{\frac{\sum(x_1-\overline{x}_1)^2}{n_1(n_1-1)}+\frac{\sum(x_2-\overline{x}_2)^2}{n_2(n_2-1)}} \tag{7}$$

分别估计法的自由度是 2 个样本自由度的总和，即：$(n_1-1)+(n_2-1)=n_1+n_2-2$ 据此查 t 值表以作显著性判断。

例如，在水稻对不同氮肥的效果试验中，用完全随机排列进行试验，产量见表 10。

表 10　水田浅施硫酸铵与硝酸铵对水稻产量的影响

处理	重复	每 $667m^2$ 产量 x/kg	平均产量 $\bar{x}$/kg	$(x-\bar{x})$	$(x-\bar{x})^2$	$\sum(x-\bar{x})^2$
浅施硫铵 $\bar{x}_1$	1	496.3	511.2	−14.9	222.01	360.82
	2	511.7		+0.5	0.25	
	3	522.4		+11.2	125.44	
	4	514.8		+3.6	12.96	
	5	510.8		−0.4	0.16	
浅施硝铵 $\bar{x}_2$	1	479.0	479.0	0.0	0.0	472.84
	2	481.2		+2.2	4.84	
	3	495.0		+16.0	25.6	
	4	465.0		−14.0	196.0	
	5	475.0		−4.0	16.0	

$$S(\bar{x}_1-\bar{x}_2)=\sqrt{\frac{\sum(x_1-\bar{x}_1)^2}{n_1(n_1-1)}+\frac{\sum(x_2-\bar{x}_2)^2}{n_2(n_2-1)}}$$

$$=\sqrt{\frac{360.82}{5(5-1)}+\frac{472.84}{5(5-1)}}=\sqrt{18.04+23.64}=\sqrt{41.68}$$

$=6.46$（斤/$667m^2$）

代入公式(6)

$$t=\frac{\bar{x}_1-\bar{x}_2}{S(\bar{x}-\bar{x}_2)}=\frac{511.2-479.0}{6.46}=5.0$$

自由度$=n_1+n_2-2=5+5-2=8$

查 t 表自由度=8，$t_{0.05}=2.306$，$t_{0.01}=3.355$。

所以实际 t 值$>t_{0.01}$，假说被否定，差异极显著。

初步推断，水田浅施硫酸铵与浅施硝酸铵 2 个处理间的产量确有质上的差异，水田浅施硫酸铵对水稻的增产效果优于浅施硝酸铵。

混合变量法：当 2 个样本重复次数不相等时，即 $n_1 \neq n_2$ 必须采用此法估算。2 个样本平均数差数标准误差[$S(\bar{x}_1-\bar{x}_2)$]可用混合变量 S^2_{1+2} 来计算

$$S^2_{1+2} = \frac{\sum(x_1-\bar{x}_1)^2+\sum(x_2-\bar{x}_2)^2}{(n_1-1)+(n_2-1)} \tag{8}$$

再代入公式(6)得下式：

$$S(\bar{x}_1-\bar{x}_2)=\sqrt{\frac{S^2_{1+2}}{n_1}+\frac{S^2_{1+2}}{n_2}} \tag{9}$$

现从表 10 的数据中，将浅施硝酸铵的处理第 5 重复的数值 475.0 除去，即成为一个 2 样本重复次数不相等的例子。用混合变量法检验其差异显著性如下：

首先重新计算浅施硝酸铵处理的平均数及 $\sum(X-\bar{X})^2$；

浅施硝酸铵 4 重复的平均数＝(479.0＋481.2＋495.0＋465.0)÷4＝480.1

浅施硝酸铵 4 重复的 $\sum(X-\bar{X})^2 = 452.43$

计算混合变量 $S^2_{1+2} = \dfrac{\sum(X_1-\bar{X}_1)^2+\sum(X_2-\bar{X}_2)^2}{(n_1-1)+(n_2-1)}$

$$= \frac{360.82+452.43}{(5-1)+(4-1)} = 116.18$$

将混合变量值代入公式(9)：

$$S_{\bar{x}_1-\bar{x}_2} = \sqrt{\frac{116.18}{5}+\frac{116.18}{4}} = 7.23$$

求 t 值：$t=\dfrac{511.2-480.1}{7.23}=4.30$

自由度＝$n_1+n_2-2=5+4-2=7$

查 t 表自由度＝7，$t_{0.05}=2.37$，$t_{0.01}=3.50$。
所以实际 t 值＞$t_{0.01}$，假说被否定，差异极显著。

混合变量法也可用于 2 个样本重复次数相等($n_1=n_2$)的检验，其结果与分别估计法相同。

②配对法样本的检验

当试验利用相关的特点作为配对基础时，要比较 2 种处理的效果，可用配对法进行显著性检验。例如每一重复选择 2 个条件一致的个体配成一对，2 种处理在对内的安排随机决定。对与对之间的条件允许有差异。这样的设计体现了局部控制的原则，例如，在变异分析中，将 2 个小区并排在一块肥力一致但比较肥一点的地段上配成一对，又在另一块肥力一致但比较瘦一点的地段上并排 2 个小区配成另一对。在培养试验中，将 2 个盆子并排在东边配成一对，另外 2 个盆子并排在西边配成另一对。照此方法可以配成试验所需要的许多对数。

配对法样本的差异显著性检验，是用对内个体之间的差数进行的。这样可以将对与对之间容许条件有差异所带来的干扰排除出去，才能正确估计处理的效果。

检验的具体方法如下：

1)求出各对(重复)中 2 个处理个体小区、盆之间的差数(d_i)及差数平均数($\overline{d}$)。$X_{1i}-X_{2i}=di(i=1, 2, 3, \cdots, n)$，$n$ 为对数(即重复数)。

$$\overline{d}=\sum\frac{di}{n}$$

2)差数标准差 S_d

$$S_d=\sqrt{\frac{\sum(di-\overline{d})^2}{n-1}}=\sqrt{\frac{\sum di^2-n\overline{d}^2}{n-1}} \qquad (10)$$

3)计算差数平均数标准误差 $S_{\bar{d}}$

$$S_{\bar{d}}=\frac{S_d}{\sqrt{n}}=\sqrt{\frac{\sum d_i^2-n\bar{d}^2}{n(n-1)}} \tag{11}$$

4)计算 t 值，因为各配对处理的差数的平均值，等于处理平均值的差数，将 $\bar{d}$ 代入公式(5)，则配对法的 t 值计算公式为：

$$t=\frac{\bar{d}-O}{S_{\bar{d}}} \tag{12}$$

自由度$=n-1$(即对数减 1)。

求出具体 t 值后，根据 t 分布规律，再按自由度查 t 分布表检验 2 处理的差异是否显著。

(6)计数资料差异显著性的检验

①χ^2 分布与 χ^2 检验

在变异分析的数量研究中，经常碰到 2 类性质的资料，一类叫测量资料，如产量、株高、穗长、粒重等，这是连续变异的资料，另一类叫计数资料，如发芽率、株数(或苗数)、病虫害数、菌落数……，这是非连续变异的资料，t 检验是对测量资料的显著性检验方法，而 χ^2 检验则是计数资料的显著性检验方法。

χ^2 检验是判断计数资料的某种假设其实际出现次数与理论出现次数间差别的一种数学方法。因此 χ^2 检验必须将实际次数与理论次数进行比较，如果两者偏差愈大，变异也愈大，表明实际次数与理论次数愈不相符，反之两者偏差愈小，变异也愈小，表明实际次数与理论次数愈相符，当观察次数对理论次数的偏差等于零时，表明它们之间完全相符合。

在实际计算时，由于各类偏差有正值和负值，其代数和等于零，为了消除正负值的影响，把偏差平方后成为正值再计算。X^2 值的计算式如下：

$$X^2 = \sum \frac{(f - f_c)^2}{f_c} \tag{13}$$

上式中 X^2 为实际观察次数与理论观察次数比值的总和，它表示总变异的程度；

f 为实际观察次数；

f_c 为理论观察次数(或叫期望次数)。

计算出 X^2 值后，还应从 X^2 的理论分布中确定出取样偶然变动的发生概率，X^2 的理论分布与 t 分布不同，X^2 分布不是对称分布，是向右侧斜的一种分布，所以 X^2 值没有负值，X^2 分布的图形如图 36 所示。

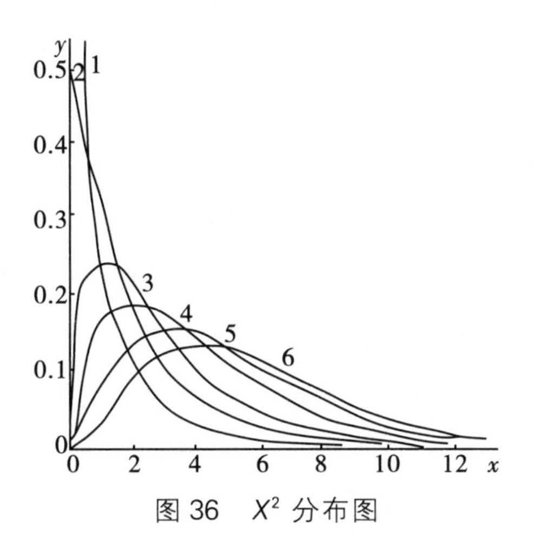

图 36　X^2 分布图

从 X^2 分布曲线中可以得到其理论分布方程，根据不同自由度可以算得不同的 X^2 值，并把它归纳成 X^2 值表，X^2 值表纵表头(第一直行)为自由度，横表头为不同的概率(P)表身为 X^2 值。

计数资料差异显著性检验以分组法为基础；通常分组法有 2 种，即简单分组法和复合分组法，简称 $C \times R$ 表，C 代表第一个分组因子的类型数，即表格的直行数，R 代表另一个分组因子的类型数，即表格的横行数，如 1×2 表，2×2 表，2×3 表……。三因素的分类表可用 $T \times C \times R$ 表。在计算自由度时应考虑到分组表的组合数，自由度以分组表的组合数中能自由填入次数的组合数为准，凡能填入一个组合数自由度为 1，填入 2 个组合数自由度为 2……依此类推。一般来说在二因素 $C \times R$ 表中，自由度可按下式计算：

自由度 $=(C-1)(R-1)$

以 2×2 表为例，$C=2$、$R=2$ 所以 2×2 表的自由度为 $(2-1)(2-1)=1$。

X^2 检验有 2 种方法即适合性测定与独立性测定。

②适合性测定：此法是对假设与事实是否相符合的一种检验方法。例如检验回归方程是否配合得适当，某种数量的分布是否符合正态分布的测定。

例如：某地麦田播种时采用尿素作种肥，由于种肥浓度过高而影响了小麦的正常发芽率，为了检查氮肥高浓度对种子发芽率的影响，又用相同条件布置了模拟试验。在 500 粒种子中，发芽 415 粒，不发芽 85 粒，小麦种子的发芽率只有 83%。该小麦种子的正常发芽率为 95%。试问该种子发芽率降低的主要原因是取样误差还是尿素高浓度的影响？

已知：小麦正常发芽率为 95%，因此 500 粒种子的理论发芽数为 500×95%=475 粒，不发芽数为 500×(1−95%)=25 粒。列表 11 计算 X^2 值：

代入公式(13)求得 X^2 值：

$$X^2=\sum\frac{(f-fc)^2}{f_c}=7.58+144.00=151.58$$

自由度 $=(C-1)(R-1)=(2-1)(2-1)=1$

也可用下式计算：自由度 $n=N-c$

表 11　尿素对小麦种子发芽率的影响

项目	实际数(f)	理论数(f_c)	$(f-f_c)$	$(f-f_c)^2$	$\frac{(f-f_c)^2}{f_c}$
发芽	415	475	－60	3600	7.58
不发芽	85	25	＋60	3600	144.00
总数	500	500	0.0		151.58

其中 N 为观察组数，本例中共分发芽与不发芽 2 组，所以 $N=2$，c 为计算理论数时所用常数的数，本例中计算发芽率时只用一个常数即 95%，$c=1$。因此，自由度 $n=2-1=1$。

查 X^2 值表，当 $n=1P_{0.05}$ 的 X^2 值为 3.84，$P_{0.01}$ 的 X^2 值为 6.64。

因此实际 X^2 值 $>X^2_{0.01}$ 假说否定，差异极显著，由此可以推断，种子发芽率降低的主要原因不是取样误差，而是尿素高浓度的影响。

③独立性测定：独立性测定首先假设各类现象是相互独立没有影响，各自确定其理论次数与实际发生的次数，并作相互比较和进行差异显著性测定的方法，因为假设各类现象是彼此独立无关的，所以叫独立性测定。

例如，研究不同灌溉方式(深水、浅水、湿润)对水稻叶片衰老的影响。共调查 547 片叶片，叶片衰老程度分成 3 级，即绿叶、黄叶和枯叶。试问不同灌溉方式对叶片衰老有无影响？试验结果列于表 12。

表 12　水稻不同灌溉方式与叶片衰老的关系

灌溉方式	绿叶	黄叶	枯叶	总数
深水	146(140.6)	7(8.8)	7(10.5)	160
浅水	183(180.3)	9(11.2)	13(13.5)	205
湿润	153(152.5)	14(9.9817)	16(11.9122)	182
总数	481	30	36	547

表中括号内的数字为理论叶片数，假设叶片衰老与灌溉方式无关，所以理论叶片数(X)计算如下：

$$X = \text{直行的总数} \times \frac{\text{横行的总数}}{\text{总叶片数}}$$

即 $X_1 = 481 \times \frac{160}{547} = 140.6$

$X_2 = 481 \times \frac{205}{547} = 180.3$……其他理论叶片数都用此法计算，算好后填入表(10)中的括号内。

X^2 值的计算：

$$X^2 = \sum \frac{(f-f_c)^2}{f_c} = \frac{(146-140.6)^2}{140.6} + \frac{(183-180.3)^2}{180.3} + \frac{(152-152.5)^2}{152.5} + \frac{(7-8.8)^2}{8.8} + \frac{(9-11.2)^2}{11.2} + \frac{(14-9.9817)^2}{9.9817} + \frac{(7-10.5)^2}{10.5} + \frac{(13-13.5)^2}{13.5} + \frac{(16-11.9122)^2}{11.9122}$$

$$= 0.207 + 0.04 + 0.0016 + 0.468 + 0.432 + 1.6176 + 1.17 + 0.0185 + 1.4027 = 5.3574$$

上表为 3×3 分组表，所以自由度 $n=(C-1)(R-1)=$

$(3-1)(3-1)=4$ 查 X^2 表 $X^2_{0.05}=9.49$，$X^2_{0.01}=13.25$。

实际 X^2 值$<X^2_{0.05}$假说成立差异不显著，推断：不同灌溉方式对水稻叶片衰老无显著的影响。

④$C\times R$ 分组资料 X^2 值的简体计算法：

设 A 因素有 1、2、3…，n 个分组，B 因素有 1、2、3…，m 个分组，用以下模式表示(表 13)：

表 13　C×R 分组资料模式

横行 / 纵行		A					横行总数(T_R)
		1	2	3	…	n	
B	1	11	12	13	…	$1n$	T_{R1}
	2	21	22	23	…	$2n$	T_{R2}
	3	31	32	33	…	$3n$	T_{R3}
	…	…	…	…			…
	m	m_1	m_2	m_3		mn	T_{Rm}
纵行总数(T_c)		T_{c1}	T_{c2}	T_{c3}		T_{cn}	

根据公式(13)：

$$X^2=\sum\frac{(f-fc)^2}{f_c}=\sum\frac{f^2-2ffc+f^2c}{f_c}$$

$$=\sum\frac{f^2}{f_c}-2\sum f+\sum fc$$

由于　$\sum T_c=\sum T_R=\sum f=T$,而$\sum f=\sum f_c$

所以　$X^2=\sum\frac{f^2}{fc}-\sum f=\sum\frac{f^2}{fc}-T$

$C\times R$ 表中某一组合的理论次数为 $f_c=\frac{T_R\cdot T_c}{T}$ 代入公式

$$X^2 = \sum \frac{f^2}{\frac{T_R T_C}{T}} - T = \sum \frac{Tf}{T_R T_C} - T = T(\sum \frac{f^2}{T_R T_C} - 1) \quad (14)$$

运用公式(14)可以简化 $C \times R$ 表的理论数计算，仍以表 11 中数据为例，计算如下：

$$X^2 = T(\sum \frac{f^2}{T_R T_C} - 1)$$

$$= 547\left[(\frac{146^2}{481 \times 160} + \frac{183^2}{481 \times 205} + \frac{152^2}{481 \times 182} + \frac{7^2}{30 \times 160} + \frac{9^2}{30 \times 205} + \frac{14^2}{30 \times 182} + \frac{7^2}{160 \times 3} + \frac{13^2}{36 \times 205} + \frac{16^2}{36 \times 182} - 1)\right]$$

$$= 547[(0.2769 + 0.3396 + 0.2639 + 0.0102 + 0.01317 + 0.03589 + 0.00851 + 0.02290 + 0.03907 - 1)]$$

$$= 547 \times (1.01014 - 1) = 5.5466$$

由于计算尾数上的误差，2 个计算相差 0.1892，相差甚小，因此先求理论次数后算 X^2 值，与一次计算二者基本一致。

6. **方差分析**

在变异分析中，常研讨多个(>2)处理的效应差异显著性问题，即多个总体均值间的差异显著性问题，处理这种问题的统计方法在变异分析中叫方差分析。下面结合例子说明单因素随机试验的方差分析。

例如：对 4 种小麦进行产量对比试验。各随机重复 5 次，得表 14 中的资料。在地力相同条件下，问不同品种小麦小区产量有无显著差异？

在本例中，影响结果(产量)的只有品种(A)一个因素，4

种不同小麦品种表示品种的 4 种水平，即 A_1，A_2，A_3，A_4。因此这个试验叫作 4 水平的单因素试验。这种问题的一般提法是 a 种不同水平的单因素试验。若随机重复 r 次，其观察结果可列成表 15。

表 14　4 种小麦产量对比试验表

小区＼产量＼品种	A_1	A_2	A_3	A_4
1	32.3	33.3	30.8	29.3
2	34.0	33.0	34.3	26.0
3	34.3	36.3	35.3	29.8
4	35.0	36.9	32.3	28.0
5	36.5	34.5	35.8	28.8
平均产量 $\overline{x}_i$	34.4	34.8	33.7	28.4

表 15　对比试验列表

重复＼A	A_1	A_2	…	A_i
·1·	x_{11}	x_{21}	…	x_{i1}
·2·	x_{12}	x_{22}	…	x_{i2}
…	…	…	…	…
·j·	x_{1j}	x_{2j}	…	x_{ij}
…	…	…	…	…
·r·	x_{1r}	x_{2r}	…	x_{ir}
平均值 $\overline{x}_i$	$\overline{x}_1$	$\overline{x}_2$	$\overline{x}_i$	$\overline{x}_a$

从表 13 中看出，即使同一品种，各小区产量并不一样，这是由于偶然因素所致，一般认为偶然因素所造成的试验误差服从正态分布。另外各品种的平均产量有高有低，倾向一定，但在各自重复中大小倾向亦有矛盾的地方，如 $\overline{X}_2 > \overline{X}_1$ 但在第 5 次重复中 A_1 比 A_2 产量高。导致这种结果的原因是品种不同和偶然性因素的影响。由于品种不同所引起的产量差异叫变差，由偶然性因素所引起的变异叫误差。

设每个品种的平均值为：

$$\overline{X}_i = \frac{1}{r}(X_{i1} + X_{i2} + \cdots + X_{ir}) = \frac{1}{r}\sum_{j=1}^{r} X_{ij}, i = 1,2,\cdots,a,$$

各品种的总平均产量为：

$$\overline{X} = \frac{1}{a}\sum_{i=1}^{a}\overline{X}_i = \frac{1}{ar}\sum_{i=1}^{a}\sum_{j=1}^{r}X_{ij}$$

那么由各品种及随机因素引起的总变差为总平方和 SS_T：

$$SS_T = \sum_{i=1}^{a}\sum_{j=1}^{r}(X_{ij} - \overline{X})^2$$

各品种所导致的变差为品种间平方和 SS_A：

$$SS_A = \sum_{i=1}^{a}\sum_{j=1}^{r}(\overline{X}_i - X_i)^2 = r\sum_{i=1}^{a}(\overline{X}_i - \overline{X})^2$$

各次试验中偶然因素所导致的误差为误差平方和 SS_c：

$$SS_c = \sum_{i=1}^{a}\sum_{j=1}^{r}(X_{ij} - \overline{X}_i)^2$$

可以证明：　　$SS_T = SS_A + SS_e$

SS_T 的自由度 $f_T = ar - 1$，SS_A 的自由度为 $f_A = a - 1$，SS_c 的自由度 $f_e = a(r-1)$，则有：

$$f_T = f_A + f_e$$

即总变差自由度等于因素变差和误差自由度之和。

设各品种产品服从 $N(\mu_i, \sigma^2)$，则在假设：

$$H_0: \mu_1=\mu_2=\cdots\mu_a$$

之下，可证明：

$$F=\frac{\dfrac{SS_A}{f_A}}{\dfrac{SS_e}{f_e}}=\frac{S_A^2}{S_e^2}\sim F[a-1,\ a(r-1)]$$

F 叫 F 统计量，它所服从的分布叫 F 分布，$a-1$ 叫 F 的第一自由度，$a(r-1)$ 叫 F 的第二自由度。对于显著水平 α，据其第一、第二自由度可查出 F_α。若 $F\leqslant F_\alpha$，则接受 H_0，即各品种产量无显著差异；若 $F>F_\alpha$，则拒绝 H_0，即各品种产量不全相同，有显著差异。

对于表 13 来讲：

$SS_T = \sum_{i=1}^{4}\sum_{j=1}^{5}(X_{ij} - \overline{X})^2 = (32.3 - 32.8)^2 + (33.3 - 32.8)^2 + \cdots + (28.8 - 32.8)^2 = 181.41$

$$f_T = 4\times 5 - 1 = 19$$

$SS_A = 5\sum_{i=1}^{4}(\overline{X}_i - \overline{X})^2 = 5[(34.4 - 32.8)^2 + (34.8 - 32.8)^2 + \cdots + (28.4 - 32.8)^2] = 133.27$

$$f_A = 4 - 1 = 3$$

$$SS_e = SS_T - SS_A = 48.14$$

$$f_e = 4(5-1) = 16$$

$$S_A^2 = \frac{133.27}{3} = 44.42$$

$$S_e^2 = \frac{48.14}{16} = 3.01$$

$$F = \frac{S_A^2}{S_e^2} \sim F(3,16)$$

(在 $H_0: \mu_1=\mu_2=\mu_3=\mu_4$ 之下)查 F 表得 $F_{0.05}=3.24$

$F_{0.01}=5.29$。

最后，我们归纳一下：方差又叫均方差或变异量，所以方差分析又叫变量分析。

在一般变异分析中处理数目都在2个以上，如果分别计算出每个处理的标准差，再进行显著性测定，计算程序很麻烦，1923年费休提出方差分析法就解决了这个矛盾，它可以对多个样本(或处理)一次同时进行显著性测定，并把各处理的方差合并计算，因此它不仅比分别计算运行简便，而且有较高的精确度，方差分析的提出对变异分析是一个重大的变革，从简单的对比设计发展到复因素的析因设计，使变异分析提高到一个新的阶段。

方差分析的基本原理

①变异因素的划分　方差分析是在划分变异因素的基础上，再计算各个变异因素的方差，从而进行方差比的一种统计检验方法，因此方差分析必须从划分变异因素开始。众所周知，各种生物现象都各是一个变异的总体，它构成了试验的"总变异"，生物试验的任务就是研究这个总变异，并能分析包括在总变异中的各类变异。一般而言，总变异包括2种变异，一是处理间变异(也叫组间变异)，二是处理内变异(也叫组内变异)，在生物试验中影响处理间变异的主要因素是各种生物效应，影响处理内变异的主要因素是试验误差。变异因素的划分必须根据试验目的、设计方法和资料性质而定。例如，有区组控制的生物试验，变异因素可以分成：生物间变异、区组间变异和误差变异3部分。长期生物定位试验，变异因素可以分成：生物间变异、区间变异、年份间变异、生物×年份变异和误差变异。生物地理网试验，变异因素可以分成：生物料间变异、区组间变异、地区间变异、生物×地区变异和误差变异等

等。所以，正确划分变异因素可以减少试验误差和提高试验结果的精确度，是方差分析的基础。

方差分析，是以方差(S^2)作为衡量试验变异的主要指标，方差是平方和除以自由度所得的商数，所以方差分析也必须从计算各个变异因素的平方和与自由度开始。

②平方和与自由度的可加性与分裂性　方差分析是将总平方和以及总自由度划分成若干个分量，而每一个分量与试验设计中的一个因素相关联，所以方差分析的第一步就是从总变异中分裂平方和与自由度开始演算。

二、进化分析

1. 遗传

(1)加性遗传效应系数 a 的计算公式为：

$$\alpha=\frac{A+A'}{2}$$

式中，A 表示一个亲属的父源等位基因与其他亲属的一个等位基因为后裔相同的概率，A'表示一个亲属母源等位基因与其他亲属的一个等位基因为后裔相同的概率。

(2)显性遗传效应系数 σ 的计算公式为：

$$\sigma=AA'$$

(3)遗传的一般公式为：

$$COV_{亲属}=\alpha V_A+\delta V_D+\alpha^2 V_{AA}+\alpha\delta V_{AD}+\delta^2 V_{DD}+\alpha^3 V_{AAA}+\cdots$$

式中，$COV_{亲属}$表示亲属间的协方差；V_A 表示加性遗传方差；V_D 表示显性遗传方差；V_{AA} 表示加性与加性的交互作用方差；V_{AD} 表示加性与显性的交互作用方差；V_{DD} 表示显性与显性的交互作用方差；V_{AAA} 表示加性与加性与加性的三级交互作用方差。

当一个动物上有几次记录时，遗传力会增加。因为它是一个平均数，所以遗传力会按下式而增加：

$$h_m^2 = h_1^2 \frac{m}{1+(m-1)R}$$

式中，m 表示一个个体记录的次数；h_1^2 表示每个个体只记录 1 次时的遗传力；h_m^2 表示每个个体记录 m 次时的遗传力；R 表示重复性。

(4)遗传力的估计(遗传力的计算公式)

加性遗传力(常称为狭义遗传力)h^2 常用以计算选择获得量的预测值，其计算公式为：

$$h^2 = \frac{2\hat{\sigma}_S^2}{\delta_S^2 + \delta_w^2}$$

式中，基因型遗传力(常称为广义遗传力)h_G^2 常用以描述群体，说明在总方差中，所有的遗传方差占多大的比例，其计算公式为：

$$h_G^2 = \frac{V_G}{V_P}$$

式中，V_G 表示遗传方差；即 $V_G = V_A + V_D + V_I$，V_I 表示交互作用方差；V_P 表示表型方差。

(5)重复性计算公式

当对个体的同一性状进行多次度量时，可以算出重复性 R，其计算公式为：

$$R = \frac{\hat{\sigma}_W^2}{\hat{\sigma}_W^2 + \hat{\sigma}_E^2}$$

具有计算按各个体度量的次数相等或不等可分为平衡设计和不平衡设计计算：

①平衡设计

A. 统计学模型

$$Y_{km}=u+\alpha_k+e_{kA}$$

式中，Y_{km}表示模型数，u 表示共同均数，α_k 表示第 k 个体的效应，e_{km}表示第 k 个体内第 m 次度量的环境离差。所有效应为随机、正态、独立，且期望值为零。

表 16　方差分析

来源	自由度	平方和	均方	期望均方
个体间	$N-1$	SS_W	MS_W	$\sigma_E^2+k_1\sigma_W^2$
个体内度量间	$N(M-1)$	SS_E	MS_E	σ_E^2

N 表示个体数目；M 表示每个个体度量的次数(各个体的度量次数相同)，$k_1=M$。

B. 遗传学模型

表 17　遗传模型

来源	V_A	V_D	V_{AA}	V_{AD}	V_{DD}	V_{EG}	V_{ES}
σ_W^2	1	1	1	1	1	1	0
σ_E^2	0	0	0	0	0	0	1

当 σ_E^2 代表个体内度量间的差异时，由于个体间的差异，使 σ_W^2 具有一个值。方差分量 σ_W^2 估计了所有遗传方差及环境方差中个体所特有的那部分。

C. 计算

表 18　方差分析

来源	自由度	平方和	均方
校正项	1	$C.T=Y^2/m$	
个体间	$N-1$	$SS_W=\sum_k \frac{Y_k^2}{m_k}-C.T$	$MS_W=SS_W/(N-1)$
个体内度量间 N	$(M-1)$	$SS_E=\sum_k\sum_m Y_{km}^2-\sum_k \frac{Y_k^2}{m_k}$	$MS_E=SS_E/[N(M-1)]$

式中，mk 表示 k 个个体的度量次数

$\hat{\sigma}_E^2$(σ_E^2 的估计值)$=MS_E$

$\hat{\sigma}_W^2$(σ_W^2 的估计值)$=\frac{MS_W-MS_E}{k_1}$

$$R=\frac{\hat{\sigma}_W^2}{\hat{\sigma}_W^2+\hat{\sigma}_E^2}$$

D. 可靠性

(A)方差分量的方差

一般性公式：$v\hat{a}r(\hat{\sigma}_g^2)\cong\frac{2}{k^2}\sum\frac{MS_g^2}{f_g+2}$

式中，k 表示被估计的方差分量的系数；MS_g 表示用以对方差分量作出估计的第 g 个均方；f_g 表示第 g 个均方的自由度；f_g+2 中的 2 是估计值被确立时使用的。

(B)R 的标准误差

标准误差是组内相关系数 R 的抽样方差的平方根，假设观察值的总数(m)大得是以把 R 看作为服从正态分布时，近似地有：

$$S.E(R)\cong\sqrt{\frac{2(1-R)^2[1+(k-1)R]^2}{k(k-1)(N-1)}}$$

(C)置信区间

对于重复性的置信区间，不必假设重复性的正态性，置信表达式为

$$P_r[1-K_{\alpha/2}\leqslant R\leqslant 1-K_{1-\alpha/2}]=1-\alpha$$

式中，$K_r=\dfrac{kMS_EF_r}{MS_W+MS_E(k-1)F_r}$

F_r 表示 F 分布表中查得的数值　$r=\dfrac{\alpha}{2}$或 $1-\dfrac{\alpha}{2}$

$F_{\frac{\alpha}{2}}$可直接从 F 表中查得，分子自由度用 MS_W 的自由度，分母自由度用 MS_E 的自由度。

$F_{1-\frac{\alpha}{2}}$可把自由度颠倒，并把表中值求倒数而求得。

$1-\alpha$ 表示置信水准。

②不平衡设计

A、系数

在方差分析中，把每个 Y_k^2 被 m_4 除，即被 k 个体上的度量次数除。

MS_E 的自由度为总量度次数减去个体数。

系数　$k_1=\dfrac{1}{N-1}(m-\dfrac{\sum m_k^2}{m})$

式中 m 表示度量的总次数。

B、可靠性

(A)方差分量的方差

$v\hat{a}r(\sigma_E^2)$与平衡设计一样。$v\hat{a}r(\sigma_W^2)$的计算很冗长(略)。

(B)R 的标准误差

假设重复性具备正态性，每组的次数不等时，有以下近似公式：

$$S.E.(R) \cong \sqrt{\frac{2(m-1)(1-R)^2[1+(k_1-1)R]^2}{k_1^2(m-N)(N-1)}}$$

(C)置信区间

用前述的同样方法，用系数 k_1 代替 k，可以求得置信区间。重复性不要求具有正态性，所求得的置信区间是近似值。

2. **选择**

(1)选择强度 i 是以与群体平均数的标准方差为单位衡量。

(2)选择差数 S

①实际的选择差数 S 为被选中的个体的平均数与原群体平均数之差，即：

$$S=\overline{x}_{选中}-\overline{x}_{群体}$$

②标准化的选择差数为实际选择差数除以标准差：$\frac{S}{\sigma}$。

③调查的选择差数：实际的选择差数可以用每个雄亲和雌亲所产生的子女数来加权，即：

$$选择差数\ S=\overline{x}_{选中}-\overline{x}_{群体}$$

$$调整选择差数\ S_A=\frac{\sum x_i n_i}{\sum n_i}-\overline{x}p$$

式中，X_i 表示第 i 个雄亲的观察值，n_i 表示第 i 个雄亲的子女数，$\overline{x}_p$ 表示群体平均数。

对雌亲选择也可以使用同样的方法进行调整。

(3)选择获得量的预测的一般性的公式：

$$\Delta=Sb$$

式中，Δ 表示获得量；S 表示选择差数；b 表示回归系数。

$$\Delta=S\frac{\mathrm{COV}_{(被量度的材料与将来的子女间)}}{\mathrm{var}_{(选择单元间)}}$$

式中，被量度的材料由被观察的个体组成。选择单元是用来选择亲本的那些单元，可能是个体，也可能是(小麦等的)小区平均数，半同胞或全同胞家系平均数，子女平均数等。公式的分子部分是亲属间的协方差。

(4)选择相关响应的预测的一般性的公式：

$$\Delta_2 = S_1 = \frac{\mathrm{COV}_{(\text{被量度材料的第1性状与未来子女的第2性状间})}}{\mathrm{var}_{(\text{选择单元的第1性状})}}$$

式中，下标 1 表示第 1 性状，是直接被选择的性状，下标 2 表示第 2 性状，是间接被选择的性状。

(5)选择指数

1)简介

当同时选择几种性状时，使用选择指数。当选择 2 个或多个性状而信息可以来自个体及其亲属时，也可以使用选择指数。当选择系间杂交时，也可以使用选择指数。下面阐述当在某个体上度量 2 个或多个性状时，如何以经济加权数和遗传参数的估计值为基础，构成选择指数。

A、需要的信息

(A)遗传方差、表型方差：在选择指数中需考虑的每一性状的 V_A 和 V_P。

(B)遗传协方差、表型协方差：每对性状间的 COV_A 和 COV_P，有时已知不同性状的遗传力和遗传相关系数，那么，就要从这些估计值中解出上述所需的参数。但由于四舍五入的误差，在求解过程中，会减少有效数字的位数，因此，在这里不使用相关系数。

(C)对各性状的经济加权数(a_1，a_2，…，a_k)。这些经济加权数是以价格资料和纯利润为基础确立的。

指数的聚合基因型值为：

$$H = a_1G_1 + a_2C_2 + \cdots + a_kG_k$$

式中，a 表示相对经济值，G 是某性状的基因型值，而 $i=1$，2，…，k 为性状编号。

B、建立联立的正规方程

正规联立方程是用来求取构成选择指数 I 所需的偏回归系数 b_i 的。

$$I=b_1X_1+b_2X_2+\cdots+b_kX_k$$

式中，X_1，X_2，…X_k 为第 1，2，…，k 性状的表型值；b_1，b_2，…，b_k 为各性状的偏回归系数。

对于 k 个性状的正规联立方程组如下：

$$V_P(X_1)b_1+\mathrm{COV_P}(X_1X_2)b_2+\cdots+\mathrm{COV_p}(X_1X_k)b_k$$
$$=V_A(X_1)a_1+\mathrm{COV_A}(X_1X_2)a_2+\cdots+\mathrm{COV_A}(X_1X_k)a_k$$
$$\mathrm{COV_P}(X_2X_1)b_1+V_p(X_2)b_2+\cdots+\mathrm{COV_P}(X_2X_k)b_k$$
$$=\mathrm{COV_A}(X_2X_1)a_1+V_A(X_2)a_2+\cdots+\mathrm{COV_A}(X_2X_k)a_k$$
$$+\mathrm{COV_p}(X_pX_1)b_1+\mathrm{COV_p}(X_kX_2)b_2+\cdots+V_p(X_k)b_k$$
$$=\mathrm{COV_A}(X_kX_1)a_1+\mathrm{COV_A}(X_kX_2)a_2+\cdots+V_A(X_k)a_k$$

式中，$V_P(x_i)$为第 i 性状的表型方差，$V_A(x_i)$为第 i 性状的加性遗传方差，$\mathrm{COV}_p(x_ix_j)$为第 i 性状与第 j 性状的表型协方差，$\mathrm{COV_A}(X_iX_j)$为第 i 性状与第 j 性状与第状的加性遗传协方差，a_i 为第 j 性状的经济加权数，b_i 为第 i 性状的偏回归系数。

解此方程组得各个 b。这里讲 2 种解法，一种只包含 2 种性状，另一种包含 R 种性状，后一种利用矩阵代数来解。

2)2 种性状时

包含 2 种性状的选择指数的构成如下：

A、计算公式

(A)建立正规联立方程组：

$$\begin{cases}V_P(X_1)b_1+\mathrm{COV_P}(X_1X_2)b_2=V_A(X_1)a_1+\mathrm{COV_A}(X_1X_2)a_2 & (1)\\ \mathrm{COV_P}(X_1X_2)b_1+V_P(X_2)b_2=\mathrm{COV_A}(X_1X_2)a_1+V_A(X_2)a_2 & (2)\end{cases}$$

(B)2 式的右边都是已知数，把它们算出来；

(C)用 $COV_P(X_1X_2)$ 来除(1)式得(3)式；

(D)用 $V_P(x_2)$ 来除(2)式得(4)式；

(E)从(3)式减去(4)式得第(5)式；

(F)从(5)式解出 b_1；

(J)把 b_1 代入(3)式或(4)式，解出 b_2；

(H)构成选择指数 $I=b_1X_1+b_1X_2$；

(I)把以上式的右边除以 b_1 或 b_2，以简化之。

3)多于 2 种性状时(矩阵代数法)的一般性公式

前面给出的正规联立方程组可以用矩阵表示之。用此计算时，应保留尽可能多的有效数字的位数，以减少四舍五入引起的误差。

正规方程组用矩阵表示为：

$$P_b=Ga$$

式中，P 表示表型矩阵，由表型值的方差和协方差构成，b 表示偏回系数向量，G 表示遗传型矩阵，由基因型值的方差和协方差构成，a 为经济加权数向量。

它们的定义分别为：

$$P=\begin{bmatrix} V_P(X_1)\mathrm{COV_P}(X_1X_2)\cdots\mathrm{COV_P}(X_1X_k) \\ \mathrm{COV_P}(X_2X_1)V_P(X_2)\cdots\mathrm{COV_P}(X_2X_k) \\ \cdots\quad\cdots\quad\cdots \\ \mathrm{COV_P}(X_kX_2)COV_P(X_kX_2)\cdots V_P(X_k) \end{bmatrix}$$

$$G=\begin{bmatrix} V_A(X_1)\mathrm{COV_A}(X_1X_2)\cdots\mathrm{COV_A}(X_1X_k) \\ \mathrm{COV_A}(X_2X_1)V_A(X_2)\cdots\mathrm{COV_A}(X_2X_k) \\ \cdots\quad\cdots\quad\cdots \\ \mathrm{COV_A}(X_kX_1)\mathrm{COV_A}(X_kX_2)\cdots V_A(X_k) \end{bmatrix}$$

$$b=\begin{bmatrix}b_1\\b_2\\\vdots\\b_k\end{bmatrix}\quad a=\begin{bmatrix}a_1\\a_2\\\vdots\\a_k\end{bmatrix}\quad a=\begin{bmatrix}X_1\\X_2\\\vdots\\X_k\end{bmatrix}$$

选择指数也以矩阵表示之：

$$I=b'X=b_1X_1+b_2X_2+\cdots+b_kX_k$$

式中，b'为 b 的转置向量。

$$b'=[b_1b_2\cdots,\ b_k]$$

在矩阵 P 和矩阵 G 中，各有 R 行和 R 列。其中的元素可分别记为 P_{ij} 和 g_{ij}，i 为行标号，j 为列标号。

在回归问题中，矩阵是对称的，行数和列数都相等（都为 R）。偏回归系数向量和经济加权数向量可以视为单列矩阵。

3. **育种**

育种值的估计公式

从亲属的信息中可以估计出个体的育种值，其计算公式如下：

个体的育种值$=b_1(X_1-\overline{x}_P)+b_2(X_D-\overline{x}_P)$

$+b_3(X_s-\overline{x}_P)+b_4(X_{MD}-\overline{x}_P)+b_5(X_{SD}-\overline{x}_P)+b_6(\overline{x}_{HS}-\overline{x}_P)+b_7(\overline{x}_{FS}-\overline{x}_P)+b_8(\overline{x}_O-\overline{x}_P)$

式中，I 表示个体；D 表示雌亲；S 表示雄亲；MD 表示雌亲的母亲；SD 表示雄亲的母亲；HS 表示半同胞；FS 表示全同胞；O 表示子女；$\overline{X}_P$ 表示群体的表型均数；个体的育种值用与它的群体均数的离差来表示。

附录一

老子《道德经》选集

上

第 1 章道可道，非常道；名，可名，非常名。无名，天地之始，有名，万物之母。常无欲，以观其妙；常有欲，以观其微。此两者同出而异名，同谓之玄。玄之又玄，众妙之门。第 2 章天下皆知美之为美，斯恶已，皆知善之为善斯不善已。故有、无之相生，难、易之相成，长、短之相形，高、下之相倾，音、声之相和，前、后之相随。是以圣人处无为之事，行不言之教。万物作而不辞，生而不有，为而不恃，功成不居。夫唯不居，是以不去。第 4 章道冲而用之或似不盈。渊兮，似万物之宗。挫其锐，解其纷，和其光，同其尘。湛兮，似或存。吾不知谁子，象帝之先。第 5 章天地不仁，以万物为刍狗。圣人不仁，以百姓为刍狗。天地之间，其犹橐龠乎？虚而不屈，动而愈出，多言数穷，不如守中。第 6 章谷神不死，是谓玄牝。玄牝之门，是谓天地根。绵绵若存，用之不动。第 7 章天长地久，天地所以能长且久者，以其不自生，故能长生。是以圣人后其身而身先，外其身而身存。非以其无私邪，故能

注 1：选集来源于《楼观石本道德经》。

成其私。第 8 章上善若水，水善利万物又不争。处众人之所恶，故几于道。居善地，心善渊，兴善仁，言善信，政善治，事善能，动善时。夫唯不争，故无尤。第 9 章持而盈之，不如其已。揣而锐之，不可常保。金玉满堂，莫之能守。富贵而骄，自遗其咎。功成名遂身退，天之道。第 10 章载营魄抱一，能无离乎？专气致柔，能如婴儿乎？涤除玄览，能无疵乎？爱民治国，能无为乎？天门开阖，能为雌乎？明白四达，能无知乎？生之，畜之。生而不有，为而不恃，长而不宰，是谓玄德。第 11 章三十辐共一毂，当其无，有车之用。埏埴以为器，当其无，有器之用。凿户牖以为室，当其无，有室之用。故有之以为利，无之以为用。第 12 章五色令人目盲，五音令人耳聋，五味令人口爽，驰骋田猎令人心发狂，难得之货令人行妨。是以圣人为腹不为目。故去彼取此。第 13 章宠辱若惊。贵大患若身。何谓宠辱？宠为下，得之若惊，失之若惊。是谓宠辱若惊。何谓贵大患若身？吾所以有大患者，为吾有身。及吾无身，吾有何患？故贵以身为天下，若可寄天下；爱以身为天下，若可托天下。第 14 章视之不见，名曰夷；听之不闻，名曰希；搏之不得，名曰微。此三者不可致诘，故混而为一。其上不皦，其下不昧，绳绳不可名，复归于无物。是谓无状之状，无物之象。是谓惚恍。迎之不见其首，随之不见其后。执古之道，以御今之有。能知古始，是谓道纪。第 15 章古之善为士者，微妙玄通，深不可识。夫唯不可识，故强为之容。豫若冬涉川，犹若畏四邻。俨若客，涣若冰将释。敦兮，其若樸。旷兮，其若谷，浑兮，其若浊。孰能浊以静之徐清？孰能安以久动之徐生？保此道者不欲盈。夫唯不盈，故能弊不新成。第 16 章致虚极，守静笃。万物并作，吾以观其复。夫物芸芸，各复归其根。归根曰静，静曰复命。复命日常。知常曰明。不知常，妄作凶。知常容，容乃公，公乃王，王乃天，天乃道，道乃久。没身不殆。第 17 章太上，下知有之；其次，亲之誉之；其次，畏之侮之。信不足，有不信，犹其贵言。功成事遂，百姓谓我自然。第 18 章大道废，有仁义。智慧出，有大伪。六亲不和，有孝慈。国家昏乱，有忠臣。第 19 章绝圣弃智，民利百倍。绝仁弃义，民复孝慈。绝巧弃利，盗贼无有。此三者以为文不足，故令有所属。见素抱樸，少私寡欲。第 20 章绝学无忧。唯之与阿，相去几何？善之与恶，相去若何？人之所畏，不可不畏。荒兮，其未央哉！众人熙熙，如享太牢，如春登台。我独怕兮，其未兆，如婴儿之未孩，乘乘兮，若无所归。众人皆有余，而我独若遗。我愚人之心也哉！纯纯兮，俗人昭昭，我独若昏。俗人察察，我独闷闷，忽若晦，寂兮，似无所止。众人皆有以，我独顽以鄙。我独异于人，而贵求食于母。第 21 章孔德之容，唯道是从。道之为物，唯恍唯惚。惚兮恍，其中有象；恍兮惚，其中有物；杳兮冥，其中有精；其精甚真，其中有信。自古及今，其名不去，以阅众甫。吾何以知众甫之然哉？以此。第 22 章曲则全，枉则直，洼则盈，弊则新，少则得，多则惑。是以圣人抱一为天下式。不自见，故明；不自是，故彰；不自伐，故有功；不自矜，故长。夫唯不争，故天下莫能与之争。古之所谓曲则全者，岂虚言哉？诚全而归之。第 23 章希言自然。飘风不终朝，骤雨不终日。孰为此者？天地。天地尚不能久，而况于人乎？故从事于道者，道者同于道，德者同于德，失者同于失。同于道者，道亦得之；同于德者，德亦得之；同于失者，失亦得之。信不足，有不信。第 24 章跂者不立，跨者不行。自见者不明，自是者不彰。自伐者无功，自矜者不长。其于道也，曰余食赘行。物或恶之，故有道者不处。第 25 章有物混成，先天地生。

寂兮寥兮，独立而不改，周行而不殆。可以为天下母。吾不知其名，字之曰道，强为之名曰大。大曰逝，逝曰远，远曰反。故道大，天大，地大，王亦大。域中有四大，而王居其一焉。人法地，地法天，天法道，道法自然。第 26 章重为轻根，静为躁君。是以君子终日行，不离辎重。虽有荣观，燕处超然。奈何万乘之主，而以身轻天下。轻则失臣，躁则失君。第 27 章善行，无辙迹；善言，无瑕谪；善计，不用筹算；善闭，无关楗而不可开；善结，无绳约而不可解。是以圣人常善救人，故无弃人；常善救物，故无弃物，是谓袭明。故善人，不善人之师；不善人，善人之资。不贵其师，不爱其资。虽智大迷，是谓要妙。第 28 章知其雄，守其雌，为天下溪。为天下溪，常德不离，复归于婴儿。知其白，守其黑，为天下式。为天下式，常德不忒，复归于无极。知其荣，守其辱，为天下谷。为天下谷，常德乃足，复归于朴。朴散则为器，圣人用之，则为官长，故大制不割。第 29 章将欲取天下而为之，吾见其不得已。天下神器，不可为也。为者败之，执者失之。故，物或行或随，或响或吹，或强或羸，或载或隳。是以圣人去甚、去奢、去泰。第 30 章以道佐人主者，不以兵强天下，其事好还。师之所处，荆棘生焉。大军之后，必有凶年。故善者果而已，不敢以取强。果而勿矜，果而勿伐，果而勿骄，果而不得已，是果而勿强。物壮则老，是谓不道，不道早已。第 31 章夫佳兵者，不祥之器，物或恶之，故有道者不处。君子居则贵左，用兵则贵右。兵者不祥之器，非君子之器，不得已而用之。恬淡为上，胜而不美。而美之者，是乐杀人。夫乐杀人者，不可得志于天下。吉事尚左，凶事尚右。偏将军处左，上将军处右，言以丧礼处之。杀人众多，以悲哀泣之。战胜则以丧礼处之。第 32 章道常无名。朴虽小，天下不敢臣。侯王若能守，万物将自宾。天地相合，以降甘露，人莫之令而自均。始制有名。名亦既有，夫亦将知止。知止所以不殆。譬道之在天下，犹川谷之于江海。第 33 章知人者智，自知者明。胜人者有力，自胜者强。知足者富，强行者有志。不失其所者久，死而不亡者寿。第 34 章大道泛兮，其可左右。万物恃之以生而不辞，功成不名有，爱养万物而不为主。常无欲，可名于小。万物归之不为主，可名于大。是以圣人终不为大，故能成其大。第 35 章执大象，天下往。往而不害，安平泰。乐与饵，过客止。道之出口，淡乎其无味，视之不足见，听之不足闻，用之不可既。第 36 章将欲歙之，必固张之；将欲弱之，必固强之；将欲废之，必固兴之；将欲夺之，必固兴之。是谓微明。柔弱胜刚强。鱼不可脱于渊，国之利器不可以示人。第 37 章道常无为，而无不为。侯王若能守，万物将自化。化而欲作，吾将镇之以无名之朴。无名之朴，亦将不欲。不欲以静，天下将自正。

下

第 38 章上德不德，是以有德。下德不失德，是以无德。上德无为，而无以为。下德为之，而有以为。上仁为之，而无以为。上义为之，而有以为。上礼为之而莫之应，则攘臂而仍之。故失道而后德，失德而后仁，失仁而后义，失义而后礼。夫礼者，忠信之薄，而乱之首。前识者，道之华，而愚之始。是以大丈夫处其厚，不处其薄。居其实，不居其华。故去彼取此。第 39 章昔之得一者，天得一以清，地得一以宁，神得一以灵，谷得一以盈，万物得一以生，侯王得一以为天下正。其致之，天无以清将恐裂，地无以宁将恐发，神无以灵将恐歇，谷无以盈将恐竭，万物无以生将恐灭，侯王无以贵高将恐蹶。

故贵为基。是以侯王自谓孤、寡、不杀。此其以贱为本邪，非乎？故致数兴无兴。不欲琭琭如玉，珞珞如石。第 40 章反者道之动，弱者道之用。天下之物生于有，有生于无。第 41 章上士闻道，勤而行之；中士闻道，若存若亡；下士闻道大笑之。不笑，不足以为道。建言有之，明道若昧，进道若退，夷道若类。上德若谷，大白若辱，广德若不足，建德若偷，质真若渝。大方无隅，大器晚成，大音希声，大象无形。道隐无名。夫唯道，善贷且成。第 42 章道生一，一生二，二生三，三生万物。万物负阴而抱阳，冲气以为和。人之所恶，唯孤、寡、不穀，而王公以为称。故物或损之而益。益之而损，人之所教，亦我义教之。强梁者不得其死，吾将以为教父。第 43 章天下之至柔，驰骋天下之至坚。无有入于无间。吾是以知无为之有益。不言之教，无为之益，天下希及之。第 44 章名与身孰亲？身与货孰多？得与亡孰病？是故甚爱必大费，多藏必厚亡。知足不辱，知止不殆，可以长久。第 45 章大成若缺，其用不弊，大盈若冲，其用不穷。大直若屈，大巧若拙，大辩若讷。躁胜寒，静胜热，清静为天下正。第 46 章天下有道，却走马以粪；天下无道，戎马生于郊。罪莫大于可欲，祸莫大于不知足，咎莫大于欲得。故知足之足，常足矣。第 47 章不出户，知天下；不窥牖，见天道。其出弥远，其知弥少。是以圣人不行而知，不见而名，不为而成。第 48 章为学日益，为道日损。损之又损，以至于无为，为无为而无不为。取天下常以无事；及其有事，不足以取天下。第 49 章圣人无常心，以百姓心为心。善者吾善之，不善者吾亦善之，德善。信者吾信之，不信者吾亦信之，德信。圣人在天下，慄慄为天下浑其心。百姓皆注其耳目，圣人皆孩之。第 50 章出生入死，生之徒十有三。死之徒十有三。人之生，动之死地，十有三。夫何故？以其生生之厚。尽闻：善摄生者，陆行不遇兕虎，入军不被甲兵。兕无所投其角，虎无所措其爪，兵无所容其刃。夫何故？以其无死地。第 51 章道生之，德畜之，物形之，势成之。是以万物莫不尊道而贵德。道之尊，德之贵，夫莫之爵，而常自然。故道生之，畜之，长之，育之，成之，熟之，养之，覆之。生而不有，为而不恃，长而不宰，是谓玄德。第 52 章天下有始，以为天下母。既得其母，以知其子；既知其子，复守其母。没身不殆。塞其兑，闭其门，终身不勤。开其兑，济其事，终身不救。见小曰明，守柔曰强。用其光，复归其明，无遗身殃。是谓袭常。第 53 章使我介然有知，行于大道，唯施是畏。大道甚夷，民甚好径。朝甚除，田甚芜，仓甚虚。服文采，带利剑，厌饮食，财货有余，是谓盗夸，非道也哉。第 54 章善建者不拔，善抱者不脱，子孙祭祀不辍。修之身，其德乃真。修之家，其德乃余。修之乡，其德乃长。修之国，其德乃丰。修之天下，其德乃普。故以身观身，以家观家，以乡观乡，以国观国，以天下观天下。吾何以知天下之然哉？以此。第 55 章含德之厚，比于赤子。毒虫不螫，猛兽不攫，攫鸟不搏。骨弱筋柔而握固。未知牝牡之合而朘作，精之至。终日号而不嗄，和之至。知和曰常，知常曰明，益生曰祥，心使气曰强。物壮则老，是谓不道，不道早已。第 56 章知者不言，言者不知。塞其兑，闭其门，挫其锐，解其纷，和其光，同其尘，是谓玄同。故不可得而亲，不可得而疏；不可得而利，不可得而害，不可得而贵，不可得而贱。故为天下贵。第 57 章以正治国，以奇用兵，以无事取天下。吾何以知天下其然哉？以此。天下多忌讳，而民弥贫；人多利器，国家滋昏；人多技巧，奇物滋起；法令滋章，盗贼多有。故圣人云：我无为而民自化，我无事而民自富，我好静而民自正，我无欲而民自朴。

第58章其政闷闷，其民淳淳；其政察察，其民缺缺。祸兮，福所倚；福兮，祸所伏。孰知其极，其无正邪。正复为奇，善复为妖。民之谜，其日固久。是以圣人方而不割，廉而不刿，直而不肆，光而不耀。第59章治人事天，莫若啬，夫唯啬，是谓早服。早服谓之重积德。重积德，则无不克；无不克，则莫知其极；莫知其极，可以有国。有国之母，可以长久。是谓深根固蒂，长生久视之道。第60章治大国若烹小鲜。以道莅天下，其鬼不神。非其鬼不神，其神不伤民。非其神不伤民，圣人亦不伤民。夫两不相伤，故德交归焉。第61章大国者下流，天下之交。天下之交牝，牝常以静胜牡，以静为下。故大国以下小国，则取小国。小国以下大国，则取大国。故或下以取，或下而取。大国不过欲兼畜人，小国不过欲入事人。两者各得其所欲。故大者宜为下。第62章道者，万物之奥。善，人之宝；不善，人之所保。美言可以市，尊行可以加人。人之不善，何弃之有？故立天子，置三公，虽有拱璧以先驷马，不如坐进此道。古之所以贵此道者何？不日求以得，有罪以免邪？故为天下贵。第63章为无为，事无事，味无味。大、小、多、少，报怨以德。图难于其易，为大于其细。天下难事，必作于易。天下大事，必作于细。是以圣人终不为大，故能成其大。夫轻诺必寡信，多易必多难。是以圣人犹难之，故终无难。第64章其安易持，其未兆易谋，其脆易破，其微易散。为之于未有，治之于未乱。合抱之木，生于毫末；九层之台，起于累土；千里之行，始于足下。为者败之，执者失之。是以圣人无为，故无败；无执，故无失。民之从事，常于几成而败之。慎终如始，则无败事。是以圣人欲不欲，不贵难得之货。学不学，复众人之所过。以辅万物之自然，而不敢为。第66章江河所以能为百谷王者，以其善下之，故能为百谷王。是以圣人欲上人，以其言之下；欲先人，以其身后之。是以处上而人不重，处前而人不害，是以天下乐推而不厌。以其不争，故天下莫能与之争。第 67 章天下皆谓我道大，似不肖。夫唯大，故似不肖。若肖，久矣，其细也夫。我有三宝，保而持之：一曰慈，二曰俭，三曰不敢为天下先。夫慈，故能勇；俭，故能广；不敢为天下先，故能成器长。今舍其慈且勇，舍其俭且广，舍其后且先，死矣。夫慈，以战则胜，以守则固。天将救之，以慈卫之。第 68 章善为士者不武，善战者不怒，善胜敌者不争，善用人者为之下。是谓不争之德，是谓用人之力，是谓配天古之极。第 69 章用兵有言：吾不敢为主而为客，不敢进寸而退尺。是谓行无行，攘无臂，仍无敌，执无兵。祸莫大于轻敌，轻敌则几丧吾宝。故抗兵相加，哀者胜矣。第 70 章吾言甚易知，甚易行；天下莫能知，莫能行。言有宗，事有君。夫唯无知，是以不我知。知我者希，则我者贵。是以圣人被褐怀玉。第 71 章知不知，上。不知知，病。夫唯病病，是以不病。圣人不病，以其病病，是以不病。第 72 章民不畏威，则大威至。无狭其所居，无厌其所生。夫唯不厌，是以不厌。是以圣人自知不自见，自爱不自贵，故去彼取此。第 73 章勇于敢则杀；勇于不敢则活。知此两者，或利或害。天之所恶，孰知其故？是以圣人犹难之。天之道，不争而善胜，不言而善应，不召而自来，繟然而善谋。天网恢恢，疏而不失。第 74 章民常不畏死，奈何以死惧之？若使民常畏死，而为奇者，吾得执而杀之，孰敢？常有司杀者杀。夫代司杀者杀，是谓代大匠斫。夫代大匠斫，希有不伤其手矣。第 75 章民之饥，以其上食税之多，是以饥。民之难治，以其上之有为，是以难治，民之轻死，以其求生之厚，是以轻死。夫唯无以生为者，是贤于贵生。第 76 章民之生也柔弱，其死也坚强。万物草木生也柔脆，其死也枯槁。故坚强者死之徒，柔弱者生之徒。是以兵强则不胜，木强则共。强大处下，柔弱处上。第 77 章天之道，其犹张弓乎！高者抑之，下者举之，有余者损之，不足者兴之。天之道，损有余而补不足；人之道，则不然，损不足以奉有余。孰能以有余奉天下？唯有道者。是以圣人为而不恃，功成不处，其不欲见贤。第 78 章天下柔弱莫过于水，而攻坚强者莫之能胜，其无以易之。故柔胜刚，弱胜强，天下莫不知，莫能行。是以圣人言：受国之垢，是谓社稷主。受国不祥，是谓天下王。正言若反。第 79 章和大怨，必有余怨。安可以为善？是以圣人执左契而不责于人。故有德司契，无德司彻。天道无亲，常与善人。第 80 章小国寡民。使有什伯之器而不用，使民重死而不远徙。虽有舟舆，无所乘之。虽有甲兵，无所陈之。使民复结绳而用之。甘其食，美其服，安其居，乐其俗。邻国相望，鸡犬之声相闻，民至老死不相往来。第 81 章信言不美，美言不信。善者不辩，辩者不善。知者不博，博者不知。圣人不积。既以舆人已愈有，既以为人已愈多。天之道，利而不害。圣人之道，为而不争。

注 2：选集中的上下分章断句是后人所加。

附录二

土壤生长主要粮食作物每亩(667m²)产量指标

1. 土壤

1.1 土壤及其肥力

土壤是指位于地球陆地表面、具有一定肥力并且能够生长植物的疏松层，其厚度一般为 1～2m。

土壤肥力是指土壤为植物生长供应和协调营养因素(水分和养分)以及协调环境条件(温度和空气)的能力。是土壤本身的属性。

1.2 世界土壤及其主要分布

单位：平方千米

	陆地面积	土壤面积	耕地面积 (耕地＋园地＋林地＋草地＋其他农用地)
世界	149000000		
俄罗斯	17098200		1237000(占国土面积的 7.23％)
加拿大	9984000		474000(占国土面积的 4.75％)
中国	约 9600000	6448000 (2017 年)	1349210(占国土面积的 14.05％)
美国	9370000		1669000(占国土面积的 17.81％)
巴西	8514900		661000(占国土面积的 7.76％)
澳大利亚	7692000		471000(占国土面积的 6.12％)
印度	2980000		1535000(占国土面积的 51.51％)

阿根廷	2780400	284000（占国土面积的 10.21%）
哈萨克斯坦	2724901	222000（占国土面积的 8.15%）
阿尔及利亚	2381741	80000（占国土面积的 3.36%）

注：世界及其陆地面积排名前 10 的国家（涵盖了亚洲、欧洲、北美洲、南美洲、大洋洲和非洲 6 大洲。地球表面积 5.1 亿平方千米，其中陆地面积为 1.49 亿平方千米，占全球表面积的 29.2%；海洋面积约 3.61 亿平方千米，占全球表面积约 70.8%）。

1.3 中国土壤及其分布

单位：平方千米

	陆地面积	土壤面积（耕地＋园地＋林地＋草地＋其他农用地）	耕地面积	
中国	约 9600000	6448000（2017 年）	1349210	（占国土面积的 14.05%）
北京市	16410		2163	
天津市	11966.45		4369	
河北省	188800		65205	
山西省	156700		40568	
内蒙古自治区	1183000		92580	
上海市	6340.5		1908	
江苏省	107200		45711	
浙江省	105500		19746	
山东省	155800		76070	
安徽省	140100		58675	
福建省	124000		13363	
辽宁省	148000		49745	
吉林省	187400		69934	
黑龙江省	473000		158500	
河南省	167000		81110	
湖北省	185900		52453	
湖南省	211800		41488	

江西省	166900	30822
广东省	179725	26076
广西壮族自治区	237600	43951
海南省	35400	7227
重庆市	82400	23825
四川省	486000	67330
贵州省	176200	45302
云南省	394100	62078
西藏自治区	1228400	4446
陕西省	205600	39895
甘肃省	425900	53724
青海省	720000	5894
宁夏回族自治区	66400	12888
新疆维吾尔自治区	1660000	52165
香港特别行政区	1101	
澳门特别行政区	32.8	
台湾地区(本岛)	35798	

注：中国及其23个省、5个自治区、4个直辖市和2个特别行政区，据中华人民共和国自然资源部统计，截至2017年年底有耕地134.9万平方千米、园地14.2万平方千米、林地252.8万平方千米、牧草地219.3万平方千米、其他农用地23.6万平方千米、居民点及工矿用地32.1万平方千米、交通运输用地3.8万平方千米、水利设施用地3.6万平方千米。另外，台湾岛面积35798平方千米，是中国第一大岛；海南岛面积33900平方千米，是国内仅次于台湾岛的第二大岛。

2. 主要粮食作物

2.1　世界粮食产量

	粮食总产量(亿吨)	谷物类粮食产量(亿吨)
世界		27.42(2020)
中国	6.6949(2020 年)	6.1675(2020 年)
美国		4.41312(2017 年)
印度		3.13610(2017 年)
俄罗斯		1.31144(2017 年)
巴西		1.17784(2017 年)
印度尼西亚		1.09334(2017 年)
阿根廷		0.76397(2017 年)
法国		0.64496(2017 年)
乌克兰		0.60837(2017 年)
加拿大		0.56394(2017 年)

注：世界谷物类粮食产量排名前 10 的国家。中国 2020 年小麦总产量 1.3425 亿吨，水稻总产量 2.1185 亿吨，玉米总产量 2.6065 亿吨。

2.2　小麦、水稻、玉米每 $667m^2$ 的产量

世界目前小麦最高亩产量的纪录是，1978 年中国青海省柴达木盆地国营诺木洪农场，曾在 $3.91\times667m^2$ 土地上种植小麦中国 76338 重穗型小麦，获得每 $667m^2$ 产量为 1013.05kg 的记录；次年又在 $15.06\times667m^2$ 的土地上种植，又获得每 $667m^2$ 产量为 956.5kg 的记录。美国华盛顿州基塞塔斯县伯特农场，1965 年在 $13.35\times667m^2$ 土地上种植盖恩斯小麦，获得每 $667m^2$ 产量为 937kg 的当时世界亩产量最高的小麦纪录。也有报道，2010 年新西兰索拉里与兄弟理查德，在新西兰戈尔的奥塔马农场创造了小麦最高收获量 15.636 吨/公顷，即

1042.4kg/667m^2。一般来讲，中国小麦目前亩产量在300～600kg不等，近年来中国小麦每667m^2产量最高纪录为974kg。从学术上讲，小麦理论每667m^2产量最高可以达到1250kg以上。

世界目前水稻最高每667m^2产量的纪录是，2012年中国浙江省宁波市洞桥镇百梁桥村种粮大户许跃进创造下1014.3kg的记录，同时百亩方田平均每667m^2的产量达到963.65kg。2017年，“杂交水稻之父”袁隆平及其团队培育的超级杂交稻品种“湘两优900(超优千号)”又创亩产纪录，经第三方专家测产，该品种的水稻在试验田内每667m^2的产量为1149.02kg；该试验田位于河北省邯郸市永年区的河北省硅谷农科院超级杂交稻示范基地，该地区多年平均降水量527.8mm，有60%以上的降水集中在汛期，全年无霜期200d以上，年日照2557h；此次测产由中国河北省科学技术厅组织实施，由华中农业大学、河北省农林科学院等7个单位的7名专家组成测产专家组，专家组对种植的100×667m^2示范田进行现场考察，随机抽取了3块示范方，人工实割3.126×667m^2，机器脱粒后，经除杂、称重等，净产量共3591.84kg，折合亩产1149.02kg。一般来讲，中国水稻目前亩产量在350～650kg不等。从学术上讲，水稻理论每667m^2产量最高可以达到1500kg。

世界目前玉米最高每667m^2产量的纪录是，2019年美国玉米创造下2576kg的世界每667m^2产量最高的玉米纪录。中国玉米国内目前每667m^2产量最高的纪录是1663.25kg。一般来讲，中国玉米目前亩产量在400～700kg不等。从学术上讲，玉米理论每667m^2产量最高可以达到3500kg。

3. 亩产指标

根据土壤和土壤肥力的定义，为了可持续永久利用土壤，建议：

高产土壤每 667m^2 产量指标确定为 750kg 比较适宜。换句话讲就是在自然状态下(例如，不使用化学肥料)每 667m^2 土壤能够持续生产 750kg(包括正负 100kg 以内)及其以上主要粮食作物的土壤，确定为高产土壤，即高产土壤每 667m^2 产量指标确定为 750kg(每 667m^2 产量指标范围是 650kg 及其以上)。

中产土壤每 667m^2 产量指标确定为 500kg 比较适宜。换句话讲就是在自然状态下(例如，不使用化学肥料)每 667m^2 土壤能够持续生产 500kg(包括正负 150kg)主要粮食作物的土壤，确定为中产土壤，即中产土壤每 667m^2 产量指标确定为 500kg(每 667m^2 产量指标范围是 350～650kg 以下)。

低产土壤每 667m^2 产量指标确定为 250kg 比较适宜。换句话讲就是在自然状态下(例如，不使用化学肥料)每亩土壤能够持续生产 250kg(包括正负 100kg)主要粮食作物的土壤，确定为低产土壤，即低产土壤每 667m^2 产量指标确定为 250kg(每 667m^2 产量指标范围是 150～350kg 以下)。

这里需要说明的是，对于土壤生长主要粮食作物亩产指标而言，高产土壤不要突破 850kg，即 750kg 为宜，注重建设每 667m^2 产量 750kg 的标准高产土壤田；中产土壤保持在 500kg 左右，即 500kg 为宜，注重建设每 667m^2 产量 500kg 的标准中产土壤田；低产土壤不要低于 150kg，即 250kg 为宜，保持每 667m^2 产量 250kg 的低产土壤田；建议将每 667m^2 产量低于 150kg 以下的土壤田退耕还林还草以保护起来。这样，既可以保证主要粮食作物的优良品质，又可以保证土壤可持续的永久利用。

附录三

人体主要健康指标与营养指标

1　主要健康指标

指标名称	参考数值
年龄	
胎儿	怀孕～出生
新生儿	出生～28 天
婴儿	28 天～36 个月(或 28 天～3 岁)
幼儿	4～6 岁
儿童	7～12 岁
少年	13～15 岁
青年	16～30 岁
中年	31～59 岁
老年	60～79 岁
高龄老年	80～89 岁
长寿老年	90 岁以上
身高(单位：cm)	
出生	男 50.20、女 49.60
1 个月	男 56.50、女 55.60
2 个月	男 60.10、女 58.80
3 个月	男 62.40、女 61.10

4 个月　　　　　　　　　　男 64.50、女 63.10
5 个月　　　　　　　　　　男 66.30、女 64.80
6 个月　　　　　　　　　　男 68.60、女 67.00
8 个月　　　　　　　　　　男 71.30、女 69.70
10 个月　　　　　　　　　 男 73.80、女 72.30
12 个月　　　　　　　　　 男 76.50、女 75.10
15 个月　　　　　　　　　 男 79.20、女 77.90
18 个月　　　　　　　　　 男 81.60、女 80.40
21 个月　　　　　　　　　 男 84.40、女 83.10
2 岁　　　　　　　　　　　男 87.90、女 86.60
2.5 岁　　　　　　　　　　男 91.70、女 90.30
3 岁　　　　　　　　　　　男 95.10、女 94.20
中国成年人平均身高(2020 年)男 169.7、女 158
世界成年人平均身高　　　　男 158～182.5cm
　　　　　　　　　　　　　女 150～172cm

体重(单位：kg)

出生　　　　　　　　　　　男 3.21、女 3.12
1 个月　　　　　　　　　　男 4.90、女 4.60
2 个月　　　　　　　　　　男 6.02、女 5.54
3 个月　　　　　　　　　　男 6.74、女 6.22
4 个月　　　　　　　　　　男 7.36、女 6.78
5 个月　　　　　　　　　　男 7.79、女 7.24
6 个月　　　　　　　　　　男 8.39、女 7.78
8 个月　　　　　　　　　　男 9.00、女 8.36
10 个月　　　　　　　　　 男 9.44、女 8.80
12 个月　　　　　　　　　 男 9.87、女 9.24
15 个月　　　　　　　　　 男 10.38、女 9.78

18 个月	男 10.88、女 10.33
21 个月	男 11.42、女 10.87
2 岁	男 12.24、女 11.66
2.5 岁	男 13.13、女 12.55
3 岁	男 13.95、女 13.44

称人体重判定：以 BMI 指数来进行判定[BMI 指数是指体重(kg)与身高(m)的平方比值，即 BMI 值的单位为 kg/m^2]。

成人体重正常	18.5＜BMI＜24.0
成人体重过低	BMI＜18.5
成人体重超重	24.0＜BMI＜28.0
成人体重肥胖	BMI＞28.0
体温(腋下)	36～37℃
脉搏(心脏跳动)	60～80 次/min
血压	舒张压(低压)60～89mmHg
	收缩压(高压)90～139mmHg
血液	
白细胞(WBC)	4.0～9.1×10^9/L
中性粒细胞比率(GR %)	50%～80%
淋巴细胞比率(LY %)	20%～40%
红细胞(RBC)	3.8～5.3×10^9/L
血红蛋白(HGB)	110～170g/L
红细胞比容(HCT)	36%～56%
血小板(PLT)	85～303×10^9/L
血小板压积(PCT)	0.11%～0.28%
空腹血糖(FBS)	3.6～6.1mmol/L
餐后 2h 血糖(PBS)	3.6～7.7mmol/L
甘油三酯(TG)	0.42～1.54mmol/L

总胆固醇(TC)	2.2～5.6mmol/L
高密度脂蛋白(HLDL)	1.09～1.82mmol/L
低密度脂蛋白(LHDL)	1.30～4.94mmol/L
载脂蛋白 A_1(ApoA1)	1.0～1.6g/L
载脂蛋白 B(ApoB)	0.6～1.0g/L
总胆红素(TBIL)	3.42～20.5umol/L
直接胆红素(DBIL)	0～6.84umol/L
间接胆红素(IBIL)	0～12umol/L
谷丙转氨酶(ALT)	0～40U/L
谷草转氨酶(AST)	0～40U/L
总蛋白(TP)	60～80g/L
白蛋白(ALB)	34～48g/L
球蛋白(GLO)	20～30g/L
白蛋白/球蛋白(ALB/GLO)	1.5～2.5g/L
r—谷氨酰转肽酶(GGT)	7～50U/L
碱性磷酸酶(ALP)	40～150U/L
血尿素氮(BUN)	1.1～7.1umol/L
肌酐(CRE)	45～104umol/L
血尿酸(UA)	238～476umol/L
血胰岛素(Ins 空腹)	6～23mU/L
血 C—肽(C—P 空腹)	0.5～1.8umol/L

尿液

尿 pH	5.5～8.0
尿比重(SG)	1.005～1.030
尿蛋白(PRO)	—
尿酮体(KET)	—
尿隐血(BLB)	—

尿红细胞(Ery)　—
尿白细胞(Leu)　—
尿葡萄糖(GLU)　—
视力(视力表)　1.0～1.5 或 5.0～5.5
影像图(略)
注：—表示阴性。

2. 主要营养指标

指标名称	参考数值
需求	
中国居民膳食能量与膳食营养素推荐参考摄入量	
能量(单位：MJ/kcal)	
18～49 岁(体力活动轻)	男 10.03/2400、女 8.8/2100
(体力活动中)	男 11.29/2700、女 9.62/2300
(体力活动重)	男 13.38/3200、女 11.30/2700
50～59 岁(体力活动轻)	男 9.62/2300、女 8.00/1900
(体力活动中)	男 10.87/2600、女 8.36/2000
(体力活动重)	男 13.00/3100、女 9.20/2200
60～69 岁(体力活动轻)	男 7.94/2400、女 7.53/1800
(体力活动中)	男 9.20/2200、女 8.36/2000
70 岁～(体力活动轻)	男 7.94/1900、女 7.10/1700
(体力活动中)	男 8.80/2100、女 8.00/1900
蛋白质(单位：g)	
18～49 岁(体力活动轻)	男 75、女 65
(体力活动中)	男 80、女 70
(体力活动重)	男 90、女 80
50～59 岁(体力活动轻)	男 75、女 65
(体力活动中)	男 80、女 70
(体力活动重)	男 90、女 80

60 岁～	男 75、女 65
脂肪(单位:%)	20～30
碳水化合物(单位:%)	55～65
膳食纤维(单位：g)	25～30
矿物质	
钙(单位：mg)	
18～59 岁	800
60 岁～	1000
铁(单位：mg)	
18～59 岁	男 15、女 20
60 岁～	15
锌(单位：mg)	
18～59 岁	男 15、女 11.5
60 岁～	11.5
硒(单位：μg)	50
维生素	
脂溶性	
A μgRE	男 800、女 700
D μg	
18～59 岁	5
60 岁～	10
E mg a－TE	14
水溶性	
B1 mg	
18～59 岁	男 1.4、女 1.3
60 岁～	1.3
B2 mg	
18～59 岁	男 1.4、女 1.2

60岁～	1.4
B_6 mg	
18～59岁	1.2
60岁～	1.5
C mg	100
叶酸 μg	400

注：以上%是指脂肪和碳水化合物的适宜摄入量应提供总能量的百分比，蛋白质的摄入量应提供总能量的10%～15%。

供给

主要食物营养成分　　　　单位：每100g可食部分

食物 /100g	能量 /(kcal/kJ)	糖类 /g	蛋白质 /g	脂肪 /g	胆固醇 /mg	碳水化合物 /g	膳食纤维 /g
谷物类							
小麦	317/1326		11.9	1.3		64.4	10.8
小麦标准粉	344/1439	71.5	11.2	1.5	0	71.5	2.1
小麦特一粉	350/1464		10.3	1.1		74.6	0.6
小麦特二粉	349/1460		10.4	1.1		74.3	1.6
挂面(均值)	346/1448		10.3	0.6		74.9	0.7
面条(均值)	284/1188		8.3	0.7		61.1	0.8
花卷	211/883		6.4	1.0		44.1	1.5
烙饼(标准粉)	255/1067		7.5	2.3		51.0	1.9
馒头(均值)	221/1067		7.5	2.3		45.7	1.3
烧饼(加糖)	293/1226		8.0	2.1		60.6	2.1
油饼	399/1669		7.9	22.9		40.4	2.0
油条	386/1615		6.9	17.6		50.1	0.9
大米	351/1469	76.8	8.8	1.0	0	76.8	0.4
稻米(均值)	346/1448		7.4	0.8		77.2	0.7
粳米标一	343/1435		7.7	0.6		76.8	0.6
粳米标二	347/1452		8.0	0.6		77.3	0.4

粳米标三	345/1443		7.2	0.8		77.2	0.4
粳米特等	334/1397		7.3	0.4		75.3	0.4
籼米标一	346/1448		7.7	0.7		77.3	0.6
早籼	359/1502		9.9	2.2		74.8	1.4
早籼标一	351/1469		8.8	1.0		76.8	0.4
早籼标二	345/1443		9.5	1.0		74.6	0.5
早籼特等	346/1448		9.1	0.6		76.0	0.7
晚籼标一	345/1443		7.9	0.7		76.8	0.5
晚籼标二	343/1435		8.6	0.8		75.3	0.4
晚籼特等	342/1431		8.1	0.3		76.7	0.2
黑米	333/1393		9.4	2.5		68.3	3.9
香大米	346/1448		12.7	0.9		71.8	0.6
糯米(均值)(江米)	348/1456	77.5	7.3	1.0	0	77.5	0.8
粳糯米	343/1435		7.9	0.8		76.0	0.7
籼糯米	352/1473		7.9	1.1		77.5	0.5
米饭(蒸均值)	116/485		2.6	0.3		25.6	0.3
梗米饭(蒸)	117/490		2.6	0.3		26.0	0.2
籼米饭(蒸)	114/477		2.5	0.2		25.6	0.4
梗米粥	461/192		1.1	0.3		9.8	0.1
玉米(鲜)	106/444		4.0	1.2		19.9	2.9
玉米(白、干)	336/1406		8.8	3.8		66.7	8.0
玉米(黄、干)	335/1402	66.6	8.7	3.8	0	66.6	6.4
玉米面(白)	340/1423		8.0	4.5		66.9	6.2
玉米面(黄)	341/1427		8.1	3.3		69.6	5.6
玉米面(强化豆粉)	339/1418		11.8	4.9		61.9	6.4
玉米糁(黄)	347/1452		7.9	3.0		72.0	3.6
玉米淀粉	345/1443		1.2	0.1		84.9	0.1
青稞	339/1418		8.1	1.5		73.2	1.8

小米面	356/1490		7.2	2.1		77.0	0.7
小米粥	46/192		1.4	0.7		8.4	
黄米	342/1431		9.7	1.5		72.5	4.4
高粱米	351/1469	70.4	10.4	3.1	0	70.4	4.3
荞麦	324/1356	66.5	9.3	2.3	0	66.5	6.5
莜麦面	366/1531	67.8	12.2	7.2	0	63.2	4.6
薏米	357/1494	69.1	12.8	3.3	0	69.1	2.0
薏米面	342/1431		11.3	2.4		68.7	4.8
薯类							
红薯	99/414	23.1	1.1	0.2	0	23.1	1.6
马铃薯(土豆、洋芋)	76/318	16.5	2.0	0.2	0	16.5	0.7
马铃薯粉	337/1410		7.2	0.5		76.0	1.4
团粉(芡粉)	346/1448		1.5			85.0	0.8
藕粉	372/1556		0.2			92.9	0.1
粉丝	335/1402		0.8	0.2		82.6	1.1
粉条	337/1410	83.6	0.5	0.1	0	83.6	0.6
豆类							
大豆(黄豆)	359/1502	18.6	35.0	16.0	0	18.7	15.5
黄豆粉	418/1749		32.7	18.3		3.06	7.0
青大豆(青豆)	373/1561		34.5	16.0		22.8	12.6
豆浆粉	422/1766	64.6	19.7	9.4	0	64.6	2.2
豆腐(均值)	81/339		8.1	3.7		3.8	0.4
豆腐(北方)	98/410	1.5	12.2	4.8	0	1.5	0.5
豆腐(南方)	57/238	2.4	6.2	2.5	0	2.4	0.2
豆腐(内脂)	49/205		5.0	1.9		2.9	0.4
豆腐脑	15/63		1.9	0.8		0	
豆浆	14/59		1.8	0.7		0	1.1
豆奶(豆乳)	3./126		2.4	1.5		1.8	
豆腐丝(干)	451/887		57.7	22.8		3.7	

豆腐卷	201/841		17.9	11.6		6.2	1.1
豆腐皮	409/1711		44.6	17.4		18.6	0.2
腐竹	459/1920	21.3	44.6	21.7	0	21.3	1.0
豆腐干（均值）	140/586		16.2	3.6		10.7	0.8
豆腐干（菜干）	136/569		13.4	7.1		4.7	0.3
豆腐干（臭干）	99/414		10.2	4.6		4.1	0.4
豆腐干（酱油干）	156/653		14.9	9.1		3.7	0.3
豆腐干（卤干）	336/1406		14.5	16.7		31.8	1.6
豆腐干（小香干）	174/728		17.9	9.1		5.0	0.4
豆腐干（熏干）	153/640		15.8	6.2		8.5	0.3
素大肠	153/640		18.1	3.6		12.0	1.0
素火腿	211/883		19.1	13.2		3.9	0.9
素鸡	192/803		16.5	12.5		3.3	0.9
素什锦	173/724		14.0	10.2		6.3	2.0
绿豆	316/1322	55.6	21.6	0.8	0	55.6	6.4
绿豆面	330/1381		20.8	0.7		60.0	5.8
豆沙	243/1017		5.5	1.9		51.0	1.7
红豆馅	240/1004		4.8	3.6		47.2	7.9
芸豆(白)	296/1238		23.4	1.4		47.4	9.8
芸豆(红)	314/1314	54.2	21.4	1.3	0	54.2	8.3
芸豆(杂带皮)	306/1280		22.4	0.6		52.8	10.5
蚕豆	335/1402		21.6	1.0		59.8	1.7
蚕豆(带皮)	304/1272		24.6	1.1		49.0	10.9

蚕豆(烤)	372/1556		27.0	2.0		61.6	2.2
蚕豆(炸)	446/1866		26.7	20.0		39.9	0.5
扁豆	326/1364		25.3	0.4		55.4	6.5
豇豆	322/1347		19.3	1.2		58.5	7.1
豌豆	313/1310		20.3	1.1		55.4	10.4
豌豆(花)	322/1347		21.6	1.0		56.7	6.9
蔬菜类							
白萝卜	21/88	4.0	0.9	0.1	0	4.0	1.0
红萝卜	20/84		1.0	0.1		3.8	0.8
青萝卜	31/130		103	0.2		6.0	0.8
水萝卜	20/84		0.8			4.1	1.4
心里美萝卜	21/88	4.1	0.8	0.2	0	4.1	0.8
胡萝卜(黄)	43/180		1.4	0.2		8.9	1.3
胡萝卜(脱水)	320/1339		4.2	1.9		71.5	6.4
芥菜头(大头菜)	33/138		1.9	0.2		6.0	1.4
球茎甘蓝	30/126		1.3	0.2		5.7	1.3
甜菜根(糖萝卜)	75/314	17.6	1.0	0.1	0	17.6	5.9
扁豆	37/155	6.1	2.7	0.2	0	6.1	2.1
蚕豆	104/435	16.4	8.8	0.4	0	16.4	3.1
刀豆	36/151		3.1	0.3		5.2	1.8
豆角	30/126		2.5	0.2		4.6	2.1
豆角(白)	30/126		2.2	0.2		4.8	2.6
荷兰豆	27/113		2.5	0.3		3.5	1.4
毛豆	123/515	6.5	13.1	5.0	0	6.5	4.0
四季豆	28/117		2.0	0.4		4.2	1.5
豌豆	105/439	18.2	7.4	0.3	0	18.2	3.0
油豆角	22/92		2.4	0.3		2.3	1.6
芸豆	25/105		0.8	0.1		5.3	2.1

豇豆(长)	29/121		2.7	0.2		4.0	1.8
黄豆芽	44/184		4.5	1.6		3.0	1.5
绿豆芽	18/75		2.1	0.1		2.1	0.8
豌豆苗	34/142		4.0	0.8		2.7	1.9
茄子(均值)	21/88		1.1	0.2		3.6	1.3
西红柿(番茄)	19/79	3.5	0.9	0.2	0	3.5	0.5
辣椒(红、小)	32/134		1.3	0.4		5.7	3.2
辣椒(青、尖)	23/96	3.7	1.4	0.3	0	3.7	2.1
甜椒(灯笼椒、柿子椒)	22/92		1.0	0.2		4.0	1.4
葫子	27/113		0.7	0.1		5.9	0.9
白瓜	10/42		0.9			1.7	0.9
菜瓜	18/75	3.5	0.6	0.2	0	3.5	0.4
冬瓜	11/46	1.9	0.4	0.2	0	1.9	0.7
佛手瓜	16/67		1.2	0.1		2.6	1.2
黄瓜	15/63	2.4	0.8	0.2	0	2.4	0.5
苦瓜	19/79		1.0	0.1		3.5	1.4
南瓜	22/92	4.5	0.7	0.1	0	4.5	0.8
蛇瓜(蛇豆、大豆角)	15/63		1.5	0.1		1.9	2.0
丝瓜	20/84		1.0	0.2		3.6	0.6
笋瓜	12/50		0.5			2.4	0.7
西葫芦	18/75	3.2	0.8	0.2	0	3.2	0.6
大蒜(蒜头)	126/527	26.5	4.5	0.2	0	26.5	1.1
蒜黄	21/88		2.5	0.2		2.4	1.4
蒜苗	37/155	6.2	2.1	0.4	0	6.2	1.8
蒜薹	61/255		2.0	0.1		12.9	2.5
大葱(红皮)	46/192		2.4	0.1		8.9	1.3
分葱	33/138		2.2	0.7		4.4	0.7
细香葱	37/155		2.5	0.3		6.1	1.1

小葱	24/100		1.6	0.4		3.5	1.4
洋葱(葱头)	39/163	8.1	1.1	0.2	0	8.1	0.9
韭菜	26/109	3.2	2.4	0.4	0	3.2	1.4
韭黄	22/92		2.3	0.2		2.7	1.2
韭苔	33/138		2.2	0.1		5.9	1.9
大白菜(均值)	17/71		1.5	0.1		2.4	0.8
大白菜(白梗)	21/88		1.7	0.2		3.1	0.6
大白菜(青口白)	15/63		1.4	0.1		2.1	0.9
大白菜(小白口)	14/59		1.3	0.1		1.9	0.9
酸白菜(酸菜)	14/59		1.1	0.2		1.9	0.5
小白菜	15/63	1.6	1.5	0.3	0	1.6	1.1
油菜	23/96		1.8	0.5		2.7	1.1
油菜(小)	11/46		1.3	0.2		0.9	0.7
甘蓝(圆白菜、卷心菜)	22/92	3.6	1.5	0.2	0	3.6	1.0
菜花	24/100		2.1	0.2		3.4	1.2
西兰花	33/138		4.1	0.6		2.7	1.6
芥菜(雪里红)	24/100		2.0	0.4		3.1	1.6
芥菜(青头菜)	7/29		1.3	0.2		0	2.8
芥菜(小叶)	24/100		2.5	0.4		2.6	1.0
芥菜(甘蓝菜)	19/79		2.8	0.4		1.0	1.6
菠菜	24/100	2.8	2.6	0.3	0	2.8	1.7
冬寒菜	30/126		3.9	0.4		2.7	2.2
芹菜	14/59		0.8	0.1		2.5	1.4
生菜(油麦菜)	15/63	1.3	1.4	0.4	0	1.5	0.6
甜菜叶	19/80		1.8	0.1		4.0	1.3
香菜	31/130		1.8	0.4		5.0	1.2
茼蒿	21/88		1.9	0.4		5.0	1.2

茴香	24/100		2.5	0.4		2.6	1.6
莴笋	14/59	2.2	1.0	0.1	0	2.2	0.6
莴笋叶	18/75		1.4	0.2		2.6	1.0
竹笋	19/79	1.8	2.6	0.2	0	1.8	1.8
春笋	20/84		2.4	0.1		2.3	2.8
冬笋	40/167		4.1	0.1		5.7	0.8
毛笋	21/88		2.2	0.2		2.5	1.3
百合	162/678		3.2	0.1		37.1	1.7
百合（干）	343/1435		6.7	0.5		77.8	1.7
百合（脱水）	343/1435		6.7	0.5		77.8	1.7
金针菜（黄花菜）	199/833		19.4	1.4		27.2	7.7
芦笋（龙须菜）	19/79		1.4	0.1		3.0	1.9
菱角	98/410		4.5	0.1		19.7	1.7
藕（莲菜）	70/293	15.2	1.9	0.2	0	15.2	1.2
山药	56/234		1.9	0.2		11.6	0.8
芋头	79/331	17.1	2.2	0.2	0	17.1	1.0
苜蓿	60/251		3.9	1.0		8.8	2.1
菌藻类							
草菇	23/96		2.7	0.2		2.7	1.6
大红菇（干）	200/837		24.4	2.8		19.3	31.6
冬菇（干）	212/887	32.3	17.8	1.3	0	32.3	32.3
猴头菇（罐装）	13/54		2.0	0.2		0.7	4.2
黄磨（干）	166/695		16.4	1.5		21.8	18.3
金针菇	26/109		2.4	0.4		3.3	2.7
金针菇（罐装）	21/88		1.0			4.2	2.5
口蘑（白）	242/1013		38.7	3.3		14.4	17.2
蘑菇（鲜）	20/84	2.0	2.7	0.1	0	2.0	2.1
蘑菇（干）	252/1054		21.0	4.6		31.7	21.0
木耳（干）	205/858	35.7	12.1	1.5	0	35.7	29.9

木耳(水发黑木耳、云耳)	21/88		1.5	0.2		3.4	2.6
平菇	20/84		1.9	0.3		2.3	2.3
双孢蘑菇	23/96		4.2	0.1		1.2	1.5
松蘑(干)	112/469		20.3	3.2		0.4	47.8
香菇	19/79		2.2	0.3		1.9	3.3
香菇(干)	211/883	30.1	20.0	1.2	0	30.1	31.6
银耳(干)	200/837		10.0	1.4		36.9	30.4
海带(江白菜)	12/50		1.2	0.1		1.6	0.5
海带(干)	77/322	17.3	1.8	0.1	0	17.3	6.1
海带(浸)	14/59		1.1	0.1		2.1	0.9
苔菜(干)	148/619		19.0	0.4		17.2	9.1
紫菜(干)	207/866	22.5	26.7	1.1	0	22.5	21.6
水果类							
苹果(均值)	52/218		0.2	0.2		12.3	1.2
梨(均值)	44/184		0.4	0.2		10.2	3.1
红果(大山楂)	95/397	22.0	0.5	0.6	0	22.0	3.1
红果(干)	152/636		4.3	2.2		28.7	49.7
海棠果	73/305		0.3	0.2		17.4	1.8
海棠(罐头)	53/222		0.5	0.2		12.3	1.3
沙果	66/276		0.4	0.1		10.9	1.3
桃(均值)	48/201		0.9	0.1		10.9	1.3
桃(罐头)	58/243		0.3			14.3	0.4
李子	36/151	7.8	0.7	0.2	0	7.8	0.9
李子杏	335/146		1.0	0.1		7.5	1.1
梅	33/138		0.9	0.9		5.2	1.0
杏	36/151	7.8	0.9	0.1	0	7.8	1.3
杏干	330/1381		2.7	0.4		78.8	4.4
枣(鲜)	122/510	28.6	1.1	0.3	0	28.6	1.9
枣(干)	264/1105	61.6	3.2	0.5	0	61.6	6.2

樱桃	46/192		1.1	0.2		9.9	0.3
葡萄(均值)	43/180	8.7	0.5	0.2	0	9.9	0.4
葡萄干	341/1427		2.5	0.4		81.8	1.6
石榴(均值)	63/264		1.4	0.2		13.9	4.8
柿	71/297	17.1	0.4	0.1	0	17.1	1.4
柿饼	250/1046		1.8	0.2		60.2	2.6
桑葚(均值)	49/205		1.7	0.4		9.7	4.1
沙棘	119/498		0.9	1.8		24.7	0.8
无花果	59/247		1.5	0.1		13.0	3.0
中华猕猴桃	56/234	11.9	0.8	0.6	0	11.9	2.6
草莓	30/126	6.0	1.0	0.2	0	6.0	1.1
橙	47/197	10.5	0.8	0.2	0	10.5	0.6
柑橘(均值)	51/213		0.7	0.2		11.5	0.4
金橘	55/230		1.0	0.2		12.3	1.4
芦柑	43/180		0.6	0.2		9.7	0.6
蜜橘	42/176		0.8	0.4		8.9	1.4
柚	41/172	9.1	0.8	0.2	0	20.8	1.2
柠檬	35/146		1.1	1.2		1.9	1.3
香蕉	91/381	20.8	1.4	0.2	0	20.8	1.2
芭蕉	109/456		1.2	0.1		25.8	3.1
菠萝(凤梨)	41/172	9.5	0.5	0.1	0	9.5	1.3
菠罗密	103/431		0.2	0.3		24.9	0.8
桂圆	71/297		1.2	0.1		16.2	0.4
桂圆(干)	273/1142	62.8	5.0	0.2	0	62.8	2.0
桂圆肉	313/1310		4.6	1.0		71.5	2.0
荔枝	70/293	16.1	0.9	0.2	0	16.1	0.5
杧果	32/134		0.6	0.2		7.0	1.3
木瓜	27/113		0.4	0.1		6.2	0.8
人参果	80/335		0.6	0.7		17.7	3.5
杨梅	28/117		0.8	0.2		5.7	1.0

阳桃	29/121		0.6	0.2		6.2	1.2
枇杷	39/163	8.5	0.8	0.2	0	8.5	0.8
橄榄	49/205		0.8	0.2		11.1	4.0
白兰瓜	21/88		0.6	0.1		4.5	0.8
哈密瓜	34/142		0.5	0.1		7.7	0.2
甜瓜(香瓜)	26/109	5.8	0.4	0.1	0	5.8	0.4
西瓜(均值)	25/105		0.6	0.1		5.5	0.3
坚果与种子类							
核桃(鲜)	328/1372		12.8	29.9		1.8	4.3
核桃(干)	627/2623	9.6	14.9	58.8	0	9.6	9.5
栗子(鲜)	185/774	40.5	4.2	0.7	0	40.5	1.7
栗子(干)	345/1443		5.3	1.7		77.2	1.2
栗子(熟板栗)	212/887		4.8	1.5		44.8	1.2
松子(生)	640/2678		12.6	62.6		6.6	12.4
松子(炒)	619/2590	9.0	14.1	58.5	0	9.0	12.4
杏仁	562/2351		22.5	45.4		15.9	8.0
杏仁(炸干)	607/2540		21.2	55.2		17.7	10.5
杏仁(烤干)	597/2498		22.1	52.8		19.3	11.8
腰果	552/2310		17.3	36.7		38.0	3.6
榛子	594/2485		30.5	50.3		4.9	8.2
花生(鲜)	298/1247		12.0	25.4		5.3	7.7
花生(炒)	589/2464		21.7	48.0		17.5	6.3
花生仁(生)	563/2356		24.8	44.3		16.2	5.5
花生仁(炒)	581/2431	21.2	23.9	44.4	0	21.4	4.3
葵花子(生)	597/2498		23.9	49.9		13.0	6.1
葵花子(炒)	616/2577	12.5	22.6	52.8	0	12.5	4.8
莲子(干)	344/1439		17.2	2.0		64.2	3.0
西瓜子(炒)	573/2397	9.7	32.7	44.8	0	9.7	4.5
南瓜子(炒)	574/2402	3.8	36.0	46.1	0	3.8	4.1

芝麻籽(白)	517/2163		18.4	39.6		21.7	9.8
芝麻籽(黑)	531/2222		19.1	46.1		10.0	14.0
畜肉与乳类							
猪肉(均值)	395/1653	0.0	13.2	37.0	79	2.4	
猪肉(肥)	807/3376		2.4	88.6		0	
猪肉(瘦)	143/598		20.3	6.2		1.5	
猪肉(酱汁肉)	579/2297		15.5	50.4		8.4	
猪肉(腊肉)	181/757		22.3	9.0		2.6	
猪肉(午餐肉)	229/958		9.4	15.9		12.0	
猪脑	131	0.0	10.8	9.8	2571	0.0	
牛肉(均值)	125/523	0.0	19.9	4.2	84	12.0	
牛肉(瘦)	106/444		20.2	2.3		1.2	
牛肉(酱牛肉)	246/1029		31.4	11.9		3.2	
牛肉(牛肉干)	550/2301		45.6	40.0		1.9	
牛肉(牛肉松)	445/1862		8.2	15.7		67.7	
羊肉(冻)	285/1192		12.6	24.4		3.8	
羊肉(瘦)	118/494	0.2	20.5	3.9	60	0.2	
羊肉(熟)	217/908		23.2	13.8		0	
羊肉串(烤)	206/862		26.0	10.3		2.4	
驴肉(瘦)	116/485		21.5	3.2		0.4	
驴肉(酱)	160/669		33.7	2.8		0	
驴肉(煮)	230/962		27.0	13.5		0	
兔肉	102/427		19.7	2.2		0.9	
兔肉(野)	84/351		16.6	2.0		0	
人乳	65/272		1.3	3.4		7.4	
牛乳(均值)	54/226	3.4	3.0	3.2	15	3.4	
牛乳粉	484/2025		19.9	22.7		49.9	
禽肉与蛋类							
鸡(均值)	167/699	1.3	19.3	9.4	106	1.3	
鸡(土鸡、家养)	124/519		20.8	4.5		0	

鸭(均值)	240/1004		15.5	19.7		0.2
鸭(酱)	266/1113		18.9	18.4		6.3
鹅	251/1050		17.9	19.9		0
鸽	201/841		16.5	14.2		1.7
鹌鹑	110/460		20.2	3.1		0.2
鸡蛋(均值)	144/602		13.3	8.8		2.8
鸡蛋黄	328	3.4	15.8	28.2	1510	0.0
鸭蛋	180/753		12.6	13.0		3.1
鹌鹑蛋	160/669		12.8	11.1		2.1
鱼虾蟹贝类						
草鱼(白鲩)	113/473	0.0	16.6	5.2	86	0
鲤鱼	109/456	0.5	17.6	4.1	84	0.5
鲢鱼	104/435	0.0	17.8	3.6	99	0
鲫鱼	108/452	3.8	17.1	2.7	130	3.8
鲇鱼	103/431		17.3	3.7		0
鳟鱼	99/414		18.6	2.6		0.2
带鱼	127/531	3.1	17.7	4.9	76	3.1
鲈鱼	105/439		18.6	3.4		0
鲑鱼	139/582		17.2	7.8		0
鲳鱼	140/586		18.5	7.3		0
武昌鱼(鳊鱼)	135/565		18.3	6.3		1.2
黄鱼(小黄花鱼)	99/414	0.1	17.9	3.0	74	0.1
鳙鱼(胖头鱼)	100/418		15.3	2.2		4.7
桂鱼(鳜鱼)	117/490		19.9	4.2		0
鳝鱼(黄鳝)	89/372		18.0	1.4		1.2
泥鳅	96/402		17.9	2.0		1.7
鱼片干	303/1268		46.1	3.4		22.0
中国对虾(东方对虾)	84/351	1.6	18.3	0.5	183	1.6

对虾	93/389		18.6	0.8		2.8
基围虾	101/423		18.2	1.4		3.9
龙虾	90/377		18.9	1.1		1.0
虾皮	153/640	2.5	30.7	2.2	428	2.5
虾米(海米、虾仁)	198/828		43.7	2.6		0
海蜇	95/397		13.8	2.3		4.7
河蟹	103/431	2.3	17.5	2.6	267	2.3
蟹肉	62/259		11.6	1.2		1.1
鲍鱼(干)	322/1347		54.1	5.6		13.7
河蚌	54/226		10.9	0.8		0.7
海蛎子(牡蛎)	73/305		5.3	2.1		8.2
扇贝(鲜)	60/251		11.1	0.6		2.6
鲜贝	77/322		15.7	0.5		2.5
螺(均值)	100/418		15.7	1.2		6.6
田螺	60/251		11.0	0.2		3.6
海参	78/326		16.5	0.2		2.5
海参(干)	262/1096		50.2	4.8		4.5
海蜇皮	33/138		3.7	0.3		3.8
海蜇头	74/310		6.0	0.3		11.8
墨鱼(干)	287/1201		65.3	1.9		2.1
乌贼(鲜鱿鱼)	84/351		17.4	1.6		0

水盐油类

水(饮用水) 建议成年人每天饮用水摄入量1500～2500mL,

盐(食用盐) 建议成年人每天食用盐摄入量3～6g,

油(食用油) 建议成年人每天食用油摄入量25～30g。

注:食用油主要包括菜籽油、花生油、大豆油和葵花籽油等。

睡眠

有人说睡眠是神经系统的营养。刚出生的婴儿每天要睡眠

20～22h，幼儿每天要睡眠11～13h，儿童每天要睡眠9～11h，少年每天要睡眠9h，成年人每天要睡眠8h。60岁以上的老年人每天不但要睡眠8h，而且要有睡眠“子午觉”的规律(古人把白天的11点～1点和夜晚的11点～1点称为子午时)即白天中午要睡眠1～2h，夜晚要睡眠6～7h。

附录四

21 世纪的生物数学

21 世纪的生物数学将在生理、心理、生态方面实现重大突破，亦即将在生理数学、心理数学和生态数学方面取得重大突破。这是因为，从科学技术进步推动经济社会发展的角度看，21 世纪的生物数学将极大地推动 21 世纪的市场经济繁荣和人类社会更加文明进步。即 21 世纪的生物科学对数学的现实需求的实质是由现实问题—数学建模(即建立数学模型)—计算编程(即编制计算机程序和创新算法)—信息技术处理(即计算机数据处理)—解决现实问题(即监测当前并提出实施对策方案、溯源过去和预测未来)的路径过程决定的。也就是说 21 世纪信息技术的发展在带动数学发展，通过信息技术改造传统产业和创新发展新兴产业，在市场经济上将取得巨大效益，从而进一步推动人类社会经济繁荣和文化更加文明进步。

1　生理数学

在生理数学方面(例如，分子生物学数学模型、细胞生物学数学模型、组织生物学数学模型、器官生物学数学模型、系统生物学数学模型、个体生物学数学模型等)将取得重大突破和完善。

分子生物学数学模型将取得重大突破和完善。例如，生物大分子的测定与合成中的设计与计算(比如，糖、脂质、氨基酸、核酸、核糖核酸、脱氧核糖核酸大分子的测定与合成的设计与计算)；基因工程中的设计与计算(比如，基因组测序的设计与计算、基因编辑的设计与计算等)；蛋白质工程中的设计与计算(比如，蛋白质大分子结构表述、螺旋结构表述、折叠结构表述)等。这是因为，正如中国科学院白春礼院士所讲：自1953年，沃森和克里克发现了DNA双螺旋结构，开启了分子生物学时代，对生物体的研究也进入了分子层次。目前，对生物大分子和基因的研究已经进入到精准调控阶段。随着对基因、细胞、组织等的多尺度研究不断深入，以及基因测序、基因编辑、冷冻电镜等新技术的进步，会大大提升生物大分子结构研究的效率，使生物科学领域研究正在从“定性观察描述”向“定量检测解析”发展，并逐步走向“预测编程”和“调控再造”。因分子生物学、基因组学、合成生物学等领域的成果不断涌现，将全面提升人们对生物的认知、调控和利用能力。例如，基因组学是生物科学最前沿、影响最广的领域之一。人体细胞DNA分子大约有10万个基因，由这些基因控制10万种人体蛋白质的合成。而基因工程就是要寻找目的基因，通过对其进行剪切、剔除、连接、重组等操作，实现对生物体的调控。近年来，基因测序成本以超过信息领域摩尔定律的速度下降，2003年全球完成人类基因组测序花了13年、耗资30亿美元，目前只要几百美元、数小时就可完成，这对基因组研究、疾病研究、药物研发、生物育种等都具有巨大的推动作用。再例如，基因编辑技术就是对DNA序列进行精准的“修剪、切断、替换或添加”。自20世纪80年代出现以来，基因编辑技术不断改进和发展，成为新的技术工具，被广泛应用于生物科学研究和临床研究中。再例如，在合成生物学中，目前已经能够设计多种基因控制模块，组装具有功能更复杂的生物系统，甚至创建出“新物种”。比如，利用合成生物学技术可以培养出专用细菌、专用药物和更简单高效地生产生物燃料等。再例如，谷歌的“蛋白质结构预测算法”在精确地基于氨基酸序列预测了蛋白质的 3D 结构，解决了“蛋白质折叠问题”，而时间仅需数天。

细胞生物学数学模型将取得重大突破和完善。例如，细胞工程中的设计与计算（比如，染色体工程的设计与计算、受精卵（胚）工程的设计与计算）；酶工程中的设计与计算（比如，酶和酶促反应工业化生产中的设计与计算）；发酵工程中的设计与计算（比如，发酵工业化生产中的设计与计算）。也正如白春礼院士所讲：干细胞和再生医学使干细胞和再生医学为有效治疗心血管疾病、糖尿病、神经退行性疾病、严重烧伤、脊髓损伤等难治疾病，提供了新的途径。精准医学使生物科学研究新技术新方法加速走向临床应用，推动医学走向“个性化精准诊治”和“关口前移的健康医学”新发展阶段。例如，构造携药纳米机器人系统，建立人工智能处理海量数据医用诊断系统，人工智能医务管理系统等。

组织生物学数学模型将取得重大突破和完善。例如，植物组织培养工程中的设计与计算、动物组织培养工程中的设计与计算及其组织再生、替代工程中的设计与计算。组织培养技术的广泛使用，加上信息技术的融合，不但推动医学进步，也将极大的在农业方面，提高作物的生物学产量和优良品质，从而促进农业发展进入到新的高产优质高效阶段。

器官生物学数学模型将取得重大突破和完善。例如，器官嫁接、移植工程中的设计与计算（比如，3D 打印器官技术的设计与计算、植物繁殖器官、动物生活器官和生殖器官等）。

系统生物学数学模型将取得重大突破和完善。例如，在光合作用、循环(水分、血液)系统、呼吸系统、消化吸收系统、内分泌系统、运动系统、神经系统、泌尿系统和生殖繁殖系统调节与控制的表述、设计与计算；系统循环的表述、设计与计算等。比如，对神经系统中国科学院白春礼院士讲：脑科学被看作是自然科学研究的“最后疆域”。目前，科学家已经绘制出全新的人类大脑图谱，这是脑科学、认知科学、认知心理学等相关学科取得突破的关键，为发展新一代神经及精神疾病的诊治技术方法奠定了坚实基础。美国“脑计划”于 2013 年公布——推进创新神经技术脑研究计划，拟在 10 年时间内用 30 亿美元资助美国脑研究，通过绘制大脑工作状态下的神经细胞及神经网络的活动图谱，揭示脑的工作原理和脑疾病发生机制，发展神经科学，推动相关领域和产业的发展。2013 年，欧盟委员会宣布将“人脑工程”列入“未来新兴技术旗舰计划”，力图集合多方力量，为基于信息通信技术的新型脑研究模式奠定基础，加速脑科学研究成果转化。该计划被认为是目前世界最先进的脑科学大型研究计划，由瑞士洛桑理工学院统筹协调，欧盟 130 家有关科研机构组成，预算 12 亿欧元，预期研究期限 10 年，旨在深入研究和理解人类大脑的运作机理，在大量科研数据和知识积累的基础上，开发出新的前沿医学和信息技术。2014 年 9 月，日本科学家宣布了大脑研究计划的首席科学家和组织模式。中国“脑计划”领军人物、中科院院士蒲慕明介绍，筹备中的中国“脑计划”是一个“一体两翼”结构。“一体”是基础研究，理解人类大脑的认知功能是怎么来的。“两翼”，一是指如何诊断和治疗重要的脑疾病，二是指发展人工智能与脑科学结合的脑机智能技术。随着北京、上海 2 个脑科学中心相继成立，中国“脑计划”已经破土而出。

个体生物学数学模型将取得重大突破和完善。例如，主要生物个体构造数学模型(比如，人体构造数学模型、小麦构造数学模型、水稻构造数学模型、玉米构造数学模型、家畜构造数学模型、家禽构造数学模型、鱼类构造数学模型、蔬果构造数学模型等都将在计算机上实现生物个体构造数学模型仿真)。

生物监测和生物成像技术将取得重大突破和完善。例如，生物监测及其仪器仪表的设计与计算；生物成像技术及其设备的设计与计算等。

2　心理数学

在心理数学方面(例如，计算心理、认知科学、人工智能等)将取得重大突破。

计算心理将取得重大突破。心理学是研究行为和心理活动的科学。其研究内容是心理现象的发生、发展和活动规律。其主要目的是通过提升人类心理素质来提高生活质量。也就是说，心理学是一门研究人类心理现象及其影响下的精神功能和行为活动的科学，兼顾突出的理论性和应用(实践)性。具体讲，心理学包括基础心理学与应用心理学，其研究涉及知觉、认知、情绪、思维、人格、行为习惯、人际关系、社会关系、人工智能、IQ、性格等许多领域，也与日常生活的许多领域——家庭、教育、健康、社会等发生关联。心理学一方面尝试用大脑运作来解释个体基本的行为与心理机能，同时，心理学也尝试解释个体心理机能在社会行为与社会动力中的角色；另外，它还与神经科学、医学、哲学、生物学、宗教学等学科有关，因为这些学科所探讨的生理或心理作用会影响个体的心智。实际上，很多人文和自然学科都与心理学有关，人类心理活动其本身就与人类生存环境密不可分。计算心理和计算神经科学是使用数学分析和计算机模拟的方法在不同水平上对心理和神经系统进行模拟和研究：从神经元的真实生物物理模型，它们的动态交互关系以及神经网络的学习，到脑的组织和神经类型计算的量化理论等，从计算角度理解脑，研究非程序的、适应性的、大脑风格的信息处理的本质和能力，探索新型的信息处理机理和途径，从而创造脑。它的发展将对智能科学、信息科学、认知科学、神经科学、心理科学等产生重要影响。可以预见，21 世纪随着分子神经生物学(化学物质)、细胞神经生物学(细胞、亚细胞)、系统神经生物学、行为神经生物学(学习记忆、情感、睡眠、觉醒等)、发育神经生物学、比较神经生物学、临床神经科学和计算神经科学的深入研究，计算心理必将取得重大突破。

认知科学将取得重大突破。认知科学是 20 世纪世界科学标志性的新兴研究门类，它作为探究人脑或心智工作机制的前沿性尖端学科，已经引起了全世界科学家们的广泛关注。一般认为认知科学的基本观点最初散见 40 年代到 50 年代中的一些各自分离的特殊学科之中，60 年代以后得到了较大的发展。认知科学是一门相当年轻的学科，然而却为揭示人脑的工作机制这一最大的宇宙之谜作出了不可磨灭的贡献。近年来，在大脑处理信息整体运作机制研究方面有了一些新的进展，如近年发表的《大脑处理信息量化模型和细节综合报告》等一系列论文综合整理分析已有的各层面的知识，建立有坚实解剖学基础、能联系各层面、量化描述大脑信息处理过程的模型和框架用量化模型结合结构风险最小化相关理论分析说明时序控制作用对大脑高效可靠处理信息的意义；汇总介绍量化模型中的细节；分析了大脑能正确而高效处理信息，使智力能够诞生的原因；分析了理论建立和应用过程的神经生理学原理、只能有相对真理的神经生理学原因；建立和介绍了量化分析方案等。可以预见，21世纪随着神经科学、脑科学和生物数学的深入研究，认知科学必将取得重大突破。

人工智能将取得重大突破。人工智能AI是研究、开发用于模拟、延伸和扩展人的智能的理论、方法、技术及应用系统的一门新的技术科学。也有人表述人工智能＝认知科学(识别、感应、学习)＋数学建模＋计算编程＋计算机处理(可见从事这项工作的人必须懂得计算机知识、心理学和哲学)。人工智能是计算机科学的一个分支，它企图了解智能的实质，并生产出一种新的能与人工智能相似的方式做出反应的智能机器，该领域的研究包括机器人、语言识别、图像识别、自然语言处理和专家系统等。可以设想，未来人工智能带来的科技产品，将会是人类智慧的“容器”。人工智能可以对人的意识、思维的信息过程的模拟。人工智能不是人的智能，但能像人那样思考、也可能超过人的智能。所以，可以预见21世纪随着信息技术和新材料、新能源的突飞猛进，人工智能必将取得重大突破。

3 生态数学

在生态数学方面，生态系统数学模型将更加完善。例如，土壤与植物生长系统数学模型——土壤与粮食作物生长的数学模型、土壤与蔬菜作物生长的数学模型、土壤与浆果植物生长的数学模型、土壤与鲜果植物生长的数学模型、土壤与坚果植物生长的数学模型、土壤与药用植物生长的数学模型、土壤与草本植物生长的数学模型、土壤与灌木植物生长的数学模型、土壤与乔本植物生长的数学模型；人工设施中土壤与植物生长的数学模型、极地人工设施中土壤与植物生长的数学模型、空间站人工设施中土壤与植物生长的数学模型、月球上人工设施中土壤与植物生长的数学模型、火星上人工设施中土壤与植物生长的数学模型等。

江河湖海与鱼类生长系统数学模型——江河与鱼类生长的数学模型、湖泊水库与鱼类生长的数学模型、海洋与鱼类生长的数学模型等。

人口增长的数学模型及其监测预测人工智能技术等。

传染病传播扩散的数学模型及其监测预测人工智能技术等。

珍稀濒危动植物生长繁殖的数学模型及其监测预测人工智能技术等。

生态大数据库将更加完善。例如，地球生态系统大数据库建设及其监测预测人工智能技术等。

参考文献

[1] 杨芳霖．实用生物数学基础[M]. 西安：陕西科学技术出版社，1987.

[2] 杨芳霖．土壤与植物生长的数学研究[M]. 西安：陕西科学技术出版社，1990.

[3] 辞海编辑委员会．辞海(缩印本)[M]. 上海：上海辞书出版社，1980.

[4] 恩格斯．反杜林论[M]. 北京：人民出版社，1970.

[5] 潘永祥．自然科学概述[M]. 北京：北京大学出版社，1986.

[6] 周衍椒．生理学[M]. 北京：人民卫生出版社，1978.

[7] 北京农业大学．植物生理学[M]. 北京：农业出版社，1980.

[8] 陈兰荪．数学生态学模型与研究方法[M]. 北京：科学出版社，1988.

[9] 西北农学院．农业化学研究法[M]. 北京：农业出版社，1980.

[10] W. A. Becker.（MANUAL OF QUANTITATIVEGENETICS ），Fourth Edition，Academic Enterprises，1985.

[11] 杨月欣．食物血糖生成指数[M]. 北京：北京大学医学出版社，2004.

[12] 向红丁．糖尿病 300 个怎么办[M]. 3 版．北京：中国协和医科大学出版社，2004.

索　　引

计量单位名称与符号表

长度

名称	符号
米(公尺)	m
分米	dm＝1/10m
厘米	cm＝1/100m
毫米	mm＝1/1000m
纳米(毫微米)	nm＝1/100000000m
埃	Å(0. 1nm)
尺	1/3m
寸	1/30m
公里	km＝1000m

面积

名称	符号
平方米(平方公尺)	m^2
亩	$667m^2$
公顷	hm^2＝15 亩
平方公里	km^2＝1500 亩

体积

名称	符号
立方米(立方公尺)	m^3
升	L
毫升	mL＝1/1000L

重量

克	g
毫克	mg＝1/1000g
斤	500g
公斤	kg＝1000g
吨	1000kg

时间

秒	s
分	min＝60s
小时	h＝60min
天(日)	d＝24h
年(岁)	y＝365d

毫克分子	mmol
毫克当量	mEq
毫渗单位	mOsm
毫米汞柱	mmHg
厘米水柱	cmH_2O
达因	dyn
卡	cal
千卡	kcal＝1000cal
焦(尔)	j
千焦(尔)	kj＝1000j
安(培)	A
伏(特)	V
瓦(特)	W
库(仑)	C

法(拉第)	F
欧(姆)	Ω
赫(兹)	Hz
分贝	dB
标准大气压	atm

后 记

《生物科学的数学原理》是1995年由陕西科学技术出版社出版发行的，距今已经26年了。26年来，生物科学和数学都取得了长足的进步。所以，这次应约再版，在保持原著风格的基础上，增加了附录和后记，以求与时俱进。

2021年是中国共产党成立100周年。100年来，伟大的中国共产党领导伟大的中国人民使伟大的祖国发生了翻天覆地的变化。今天我们伟大的祖国——中华人民共和国以世界第2大经济体、世界最大的发展中国家和世界最强大的社会主义国家的身姿屹立于世界东方！此时，让我们把应约再版的《生物科学的数学原理》学术专著，作为小小的生日礼物，献给我们伟大的中国共产党。衷心祝福她青春永驻，健康长寿！

感谢陕西省咨询业协会和西安生物数学研究所的鼓励和支持，感谢王金谊女士的陪伴和鼓励，感谢编辑孙雨来老师的付出，感谢所有关心和帮助过我们的人。由于水平有限，书中缺点和错误在所难免，敬请读者批评指正。

作者